Marcel GAY

# COVID-19

## Le naufrage de la science

avec la contribution scientifique
de Jean-Marc SABATIER

# Avant-propos

La pandémie de COVID-19 a mis en lumière les limites la science et de la médecine. Depuis 2020, un virus sorti de nulle part tient la communauté scientifique en échec. Le SARS-CoV-2, agent infectieux de la COVID-19, a provoqué une déflagration sanitaire, économique et politique planétaire. Un véritable tsunami qui a emporté sur son passage les certitudes scientifiques les mieux établies. Dans leurs laboratoires, les chercheurs sont désemparés face à ce microbe hérissé de pointes, au comportement erratique. Dans les hôpitaux, les urgentistes sont déconcertés par la grande variété des symptômes dont souffrent les patients COVID. Ils ne comprennent pas cette maladie. Les malades meurent par millions ! Jamais la science n'a été aussi démunie face à une pathologie nouvelle. Quant aux autorités politiques, elles naviguent à vue, influencées par des scientifiques ignorants et/ou corrompus et des médias dévoyés aux ordres de puissants lobbies.

On attendait beaucoup des vaccins fabriqués à la hâte par des laboratoires peu scrupuleux. Ils devaient éradiquer ce satané virus à la fin de l'année 2020. C'est l'inverse qui s'est produit. Malgré les campagnes de vaccination, le virus a poursuivi sa sinistre besogne.

Pourquoi la science fondamentale et la médecine du 21ème siècle n'ont-elles pas compris ce qui se passait ? Pourquoi ne comprennent-elles toujours pas ? Où est la faille ?

C'est ce que nous avons voulu savoir en reprenant le fil des événements sur les trois années de la pandémie. Avec pour guide un scientifique de haut niveau, Jean-Marc Sabatier, directeur de recherche au CNRS, titulaire d'un doctorat en biologie cellulaire et microbiologie et d'une Habilitation à diriger des recherches (HDR) en biochimie dont on lira plus loin le C.V.

Dès le mois de mars 2020[1] , Jean-Marc Sabatier a décrit pour la première fois, le mode d'action du SARS-CoV-2. Mode d'action atypique qui sera confirmé au fil des mois par les travaux de divers groupes de recherche dans le monde.

Qu'a-t-il découvert ? Quatre choses essentielles :

1 - Que le vrai responsable de la COVID-19, c'est le système rénine-angiotensine[2] (SRA) dysfonctionnel, un système hormonal complexe et ubiquitaire que l'on retrouve dans divers organes et tissus du corps humain. C'est le système de régulation physiologique le plus important de notre organisme. Or, le SRA est peu ou mal connu des chercheurs et il n'est pas abordé (en détail en tout cas) au cours des études médicales.
2 - Que le SARS-CoV-2 (via le dysfonctionnement du SRA et la suractivation du récepteur AT1R) induit un syndrome d'activation macrophagique (SAM), un syndrome d'activation mastocytaire (SAMA), et/ou une pullulation microbienne de l'intestin grêle (SIBO). »
3 - Que les vaccins ARN messager (ARNm) pourraient déclencher des réponses physiologiques délétères suite à une interaction de la protéine vaccinale spike avec un ou plusieurs de ses récepteurs.
4 - Que la vitamine D « freine le système physiologique SRA devenu délétère. La vitamine D permet un fonctionnement optimal du système immunitaire et induit la production de molécules antivirales chez l'hôte afin de lutter plus efficacement contre le virus. »

---

[1] https://www.eurekaselect.com/article/106381

[2] https://fr.wikipedia.org/wiki/Syst%C3%A8me_r%C3%A9nine-angiotensine-aldost%C3%A9rone

En trois ans, le media en ligne infodujour.fr[3] a publié près de quatre-vingts articles de Jean-Marc Sabatier. Ses démonstrations ont trouvé leur public composé essentiellement de médecins et de scientifiques. En juillet 2022, plus de 3,2 millions de visiteurs uniques suivaient ses explications sur le site. Plus de 10 millions en cumulé sur trois ans.

Cela a déplu. L'Inquisition s'est mise en marche. Un fact-checking de l'AFP s'est même permis de remettre en cause les compétences du scientifique. Mais le vérificateur en peau de lapin n'était pas à la hauteur de l'exercice. Sa démonstration était bidonnée.

En août 2022, Google mais aussi plusieurs médias sociaux ont tout bonnement censuré infodujour.fr et les articles de Jean-Marc Sabatier. Cela dérangeait sans doute les autorités politiques et sanitaires. Mais aussi les grands groupes pharmaceutiques.

Cette prise de contrôle de l'information planétaire par les géants du numérique pour servir des intérêts financiers a de quoi inquiéter. Car elle interdit la réflexion, elle anesthésie la pensée, elle paralyse la controverse, elle empêche l'échange entre professionnels sur des questions qui touchent à ce que nous avons de plus cher : la santé.

Nous estimons, au contraire, que seul le débat scientifique permet à la science de sortir de l'obscurantisme. La science n'est pas figée. Elle évolue sans cesse.

Nous savons depuis Thomas Samuel Kuhn, philosophe des sciences, que le progrès scientifique n'est pas un processus cumulatif, mais qu'il procède au contraire en changements de paradigmes. Autrement dit, la pensée scientifique se réorganise autour d'axiomes nouveaux.

---

[3] https://infodujour.fr/

La science du 21ème siècle l'aurait-elle oublié ?

**Les nouveaux hérétiques**

On comprend mal en tout cas le comportement de la communauté scientifique depuis l'apparition du SARS-CoV-2 en Chine. Comme si ce nouveau virus lui avait fait perdre ses repères et l'avait subitement éloignée de sa mission fondamentale qui consiste à produire des connaissances dans l'intérêt de tous. Comme si cet étrange virus avait aussi contaminé toutes les strates de la société.

Quel spectacle ! On a vu des médecins et des scientifiques s'étriper publiquement sur les plateaux de télévision ; on a vu des élus s'affronter méchamment jusque dans les plus hautes instances de la République ; on a assisté à des empoignades mémorables sur les réseaux sociaux. Et, pour couronner le tout, la presse a intentionnellement biaisé le débat.

Comment en est-on arrivé là ? Pourquoi l'esprit cartésien et désintéressé qui devrait prévaloir dans toute démarche scientifique, a-t-il cédé le pas à des querelles de boutiquiers ? La réponse s'impose d'elle-même : c'est parce que dans cette affaire la science a cédé la place au dogme. Le dogme, c'est le contraire de la raison. C'est une vérité révélée, comme il en existe dans toutes les religions. Une vérité que personne ne peut contester, sous peine d'excommunication. Il faut croire sans se poser de questions. Il faut adorer Pfizer, Moderna, AstraZeneca et autres Janssen comme on adore une divinité bienveillante et salvatrice.

Et malheur aux mécréants ! Ils sont voués aux gémonies, poursuivis, pourchassés, et finalement brûlés vifs en place publique.

Les nouveaux hérétiques de la COVID-19 n'ont pas échappé à ces tourments d'un autre âge. Accusés de « complotisme » par les détenteurs de « La » vérité, ces pestiférés sont soupçonnés d'être manipulés par l'extrême-droite.

Ou peut-être par l'extrême-gauche, c'est selon. Interdits de radio, de télévision, de journaux imprimés, les réfractaires à la doxa se sont réfugiés sur des supports alternatifs, ils publient films et vidéos sous le manteau pour faire entendre leur voix malgré tout. La voix des « résistants », disent-ils.

Depuis trois ans maintenant le «dogme» Pfizer, Moderna, Janssen et autres s'est imposé tout autour de la planète sous l'impulsion de l'OMS et des milliards de dollars distribués par les lobbies. Il faut croire à tout prix aux vertus de ces «vaccins» fabriqués à la hâte par des laboratoires peu scrupuleux.

On a donc vacciné à tour de bras. En octobre 2022, la population mondiale avait reçu 12, 9 milliards de doses. 54 millions de Français (81% de la population) étaient vaccinés. Et pourtant, le virus qui a fait officiellement 6,6 millions de morts (156.000 en France) n'a pas été éradiqué.

Au contraire. Des personnes doublement ou triplement vaccinées ont attrapé une deuxième fois voire une troisième fois la COVID-19. Comme si le vaccin agissait non pas comme un agent protecteur mais comme un agent facilitateur d'infection, provoquant parfois lui-même la pathologie qu'il est censé combattre. Avec sa couronne hérissée de pointes « Spike », ce nouveau syndrome respiratoire aiguë sévère (SRAS) a divisé la communauté scientifique comme jamais. Les chercheurs sont perdus, les médecins désemparés. L'épidémie progresse malgré les vaccins. Les hôpitaux sont débordés.

## Des produits de contrebande

Les autorités sanitaires et politiques, mal conseillées, annoncent tout et son contraire d'un jour à l'autre. Le criminologue Alain Bauer se moque « Ils ont réussi à suicider la science»[4].

---

[[4]] https://infodujour.fr/societe/51917-alain-bauer-ils-ont-reussi-a-suicider-la-science

Quelques médecins et scientifiques intègres essaient néanmoins de comprendre cette étrange maladie et cherchent à soulager les patients. En novembre, puis en décembre 2020, le Dr Jean-Michel Wendling, consultant scientifique pour infodujour, pressent que « la vitamine D pourrait être une aide précieuse dans la lutte contre la COVID-19[5] ».

Il résume les travaux d'une équipe de chercheurs et de cliniciens dirigée par Jean-Marc Sabatier sous le titre : « Vitamine D : les incroyables découvertes françaises[6] ».

Nous republions dans cet ouvrage plusieurs articles essentiels de Jean-Marc Sabatier. En les replaçant dans le contexte de l'époque pour mieux en comprendre le sens et la portée.

Car, à nos yeux, ces faux vaccins restés en phase 2/3 c'est-à-dire toujours en phase d'expérimentation, achetés à coups de milliards de dollars dans des conditions souvent opaques par les responsables politiques, comme ce fut le cas, notamment, pour la présidente de la Commission européenne, Ursula von der Leyen, ces faux vaccins donc, ressemblent à des produits de contrebande élaborés à la hâte dans des laboratoires clandestins et distribués par un réseau mondial de dealers.

Avec la complicité de médecins et de scientifiques grassement rémunérés et d'une classe politique médiocre et corrompue.

Trois ans plus tard, les faits donnent enfin raison à Jean-Marc Sabatier. Le mensonge apparaît au grand jour. Même le laboratoire Pfizer reconnaît officiellement, devant le Parlement européen, que son vaccin n'empêche pas la transmission du virus. Nous savions déjà qu'il n'empêchait pas l'infection. Ce n'était donc pas un vrai vaccin.

---

[5] https://infodujour.fr/societe/42687-vitamine-d-une-piste-tres-serieuse-anti-COVID-19

[6] https://infodujour.fr/sante/43730-vitamine-d-les-incroyables-decouvertes-francaises

Le patron de Pfizer, Albert Bourla, fait lui aussi amende honorable et affirme désormais que « la technologie des vaccins à ARNm n'était pas suffisamment éprouvée lorsqu'ils ont lancé le vaccin anti-COVID ».

Mine de rien, c'est un aveu terrible. L'aveu d'un crime contre l'Humanité !

De fait, les revues scientifiques admettent enfin que les nouveaux « vaccins » anti-COVID-19 ont des effets nocifs, parfois mortels. Reste à savoir d'où vient ce virus. Des pistes nouvelles apparaissent, inquiétantes.

Avec Jean-Marc Sabatier et avec d'autres scientifiques, nous n'avons cessé d'alerter l'opinion sur les dangers de la vaccination de masse sous contrainte. Nous avons été vilipendés, conspués, censurés.

Mais nous avons continué. Nous serons jugés par le tribunal de l'Histoire.

**Marcel GAY**
Mars 2023

# Chapitre 1

## L'onde de choc planétaire

Aux premières heures de la nouvelle année 2020, les autorités sanitaires sont inquiètes. La veille, le 31 décembre 2019, le bureau de l'OMS en Chine est informé de cas de pneumonie d'étiologie inconnue détectés dans la ville de Wuhan, province de Hubei.

Du 31 décembre 2019 au 3 janvier 2020, 44 cas de cette étrange maladie sont signalés à l'OMS par les autorités chinoises.

Un nouveau type de virus est isolé le 7 janvier, la séquence génétique est partagée avec les scientifiques. Elle les laisse perplexes.Les 11 et 12 janvier, l'épidémie est associée à des expositions dans un marché de Wuhan.

Le 13 janvier, le ministère de la santé thaïlandais signale le premier cas importé du nouveau virus alors baptisé 2019-nCoV. Le 15 janvier le virus est signalé au Japon.

Ainsi commence l'une des plus terribles pandémies de notre histoire récente qui va frapper de nombreux pays, sur tous les continents.

Le coronavirus se propage d'autant plus vite que sa contagiosité est forte. 314 cas sont confirmés dans le monde le 21 janvier. Six décès à Wuhan le même jour.

Le 28 janvier, l'OMS décrète l'urgence de santé publique de portée internationale[7] et prend des mesures exceptionnelles pour contenir l'épidémie.

---

[7] https://www.youtube.com/watch?v=GkpwYCdvoNg

Le monde est terrorisé. En quelques semaines, la maladie fait une centaine de morts en Chine[8].

Ce virus de la famille des coronavirus (en forme de couronne) dont font partie les virus du SRAS (Syndrome respiratoire aiguë sévère) n'a jamais été décrit auparavant. Les symptômes principaux sont la fièvre et des signes respiratoires de type toux ou essoufflement. Dans les cas plus sévères, le patient peut présenter une détresse respiratoire aiguë, une insuffisance rénale aiguë, voire une défaillance multi-viscérale pouvant entraîner le décès.

Mais d'où vient ce germe si contagieux ? Il serait d'origine animale, croient savoir les chercheurs. Il aurait vraisemblablement muté pour s'adapter aux humains. On sait déjà que le virus de Wuhan se transmet entre les hommes par les éternuements ou la toux. On considère donc que des contacts «étroits» sont nécessaires pour la transmission de cette maladie.

**Un virus de laboratoire ?**

Les autorités chinoises prennent aussitôt des dispositions draconiennes pour contenir l'épidémie. Outre le confinement de plusieurs millions de personnes, les Chinois entreprennent la construction de trois hôpitaux de 1200 lits chacun. Ils seront terminés en 10 jours ! Un exploit, certes, mais il est largement insuffisant pour accueillir tous les malades.

Le 30 janvier 2020, deux touristes chinois sont testés positifs à la COVID-19 à Rome. En février, de nombreux pays signalent des cas de COVID sur leur territoire.

En France, pour l'instant, « le virus chinois » comme on l'appelle alors, n'est pas la première préoccupation de la classe politique. Le Premier ministre, Edouard Philippe, annonce aux députés qu'il va recourir

---

[8] https://infodujour.fr/societe/29000-le-coronavirus-chinois-terrorise-le-monde

à l'article 49.3 de la Constitution pour faire passer sans vote et sans débat le projet de loi instituant un système universel des retraites.Après plusieurs mois de grèves et de manifestations, après trois semaines de discussions parfois houleuses à l'Assemblée nationale, la décision d'Édouard Philippe, un samedi en fin d'après-midi, prend tout le monde de court. Les Français, mécontents, descendent dans la rue.

Fin février 2020. Les premières rumeurs circulent autour du virus désormais baptisé SARS-CoV-2 (coronavirus 2 du syndrome respiratoire aigu sévère) à l'origine de l'épidémie COVID-19.

Pour les uns, le virus serait d'origine humaine et résulterait d'expérimentations sur des germes pathogènes biologiques. Cette thèse s'appuie sur le fait que le seul laboratoire chinois classé P4, c'est-à-dire « pathogène de classe 4 » se trouve à Wuhan.

Pour d'autres, le virus d'origine animale (on accuse les pangolins) se serait échappé accidentellement du même laboratoire. Quoi qu'il en soit, si la maladie se propage aussi vite, c'est sans doute à cause de notre mode de vie, de nos échanges incessants de marchandises sur terre, sur mer et dans les airs, du fait de la mondialisation et de la globalisation des marchés.

Le 16 avril 2022, le Pr Luc Montagnier, prix Nobel de médecine 2008, reprend à son compte une étude indienne selon laquelle le SARS-CoV-2 aurait été fabriqué en laboratoire. Il précise à la télévision : « Ce n'est pas naturel, c'est un travail de professionnel, de biologiste moléculaire, d'horloger des séquences. Dans quel but ? Je ne sais pas (…). Une de mes hypothèses est qu'ils ont voulu faire un vaccin contre le sida. »

Le monde entier a les yeux braqués sur la Chine. L'Empire du Milieu est en état de guerre sanitaire. Son économie vacille. L'onde de choc s'étend à toute la planète.

Avec 1,38 milliard d'habitants, la Chine a organisé son récent développement sur les exportations. Elle est devenue en quelques décennies le plus grand atelier du monde. Elle produit plus du tiers de l'acier mondial, la majorité des jouets, du textile, des chaussures, des médicaments, des appareils ménagers, des ordinateurs… Grâce à sa main d'œuvre abondante et docile, la Chine est un pays d'assemblage low-cost pour les multinationales. Ce qui a eu pour effet d'entraîner la fermeture massive d'usines dans les pays industrialisés.

Le virus déstabilise toutes les économies. On ne compte plus les usines à l'arrêt, les avions cloués au sol, les hôtels désertés, les musées et les salles de spectacles fermés. Le prix du pétrole s'effondre, les places financières dévissent. En une semaine le CAC 40 a chuté de 12,9% à Paris. Bref, une crise économique majeure n'est plus à exclure.

A deux semaines du premier tour des municipales, le 15 mars 2020, l'exécutif commence à lâcher du lest sur la réforme des retraites, trop occupé à gérer deux autres dossiers plus préoccupants : l'épidémie de coronavirus et le risque de déstabilisation de l'économie.

Le lundi 2 mars 2020, le bilan mondial de l'épidémie de COVID-19 a dépassé la barre des 3000 morts dans 60 pays dont 3 en France.

Le 12 mars, dans un discours empreint de solennité[9], Emmanuel Macron décrète la mobilisation générale contre la propagation du virus et demande que soient mises en œuvre « quoi qu'il en coûte » des mesures de soutien à l'économie. Les écoles, collèges et lycées sont fermés. Mais les élections municipales sont maintenues. C'est illogique.

Ministre de la Santé de mai 2017 au 16 février 2020, Agnès Buzyn a démissionné de son poste pour remplacer au pied levé Benjamin Griveaux à la mairie de Paris.

---

[9] https://www.youtube.com/watch?v=bW7KR_ApuXQ

Elle prendra une veste mémorable : avec 17% des suffrages, elle arrive en troisième position derrière Anne Hidalgo et Rachida Dati. Un désaveu aussi pour la Macronie.

Malgré les gestes barrière préconisés par les autorités sanitaires, le virus poursuit sa progression à une vitesse vertigineuse. Le 10 mars 2020, la France compte 2 281 cas de Coronavirus COVID-19 confirmés et 48 personnes décédées dont 9 dans le Grand Est. Un foyer épidémique semble être lié à la Semaine de carême de l'Eglise la Porte Ouverte de Bourtzwiller (Haut-Rhin). Mais on n'est sûr de rien.

Le 16 mars 2020, la situation est si grave que le Président de la République sonne le tocsin[10].

Lors d'une deuxième allocution télévisée sur le sujet, Emmanuel Macron déclare à six reprises : « Nous sommes en guerre ». Contre le virus, évidemment. Il annonce le report du deuxième tour des élections municipales et « sanctuarise » les résultats du premier tour. Un dispositif de confinement est mis en place sur l'ensemble du territoire à compter du mardi 17 mars à 12 h 00, pour quinze jours au moins.

Il en sera de même dans de nombreux pays européens. Tous les secteurs de l'économie s'effondrent. L'épidémie de coronavirus qui frappe notamment la France révèle au grand jour les fractures de notre société et les failles de l'État.

**Gros malaise à l'hôpital**

Elle met surtout en lumière les faiblesses de notre système de santé. Depuis longtemps déjà les personnels soignants ont alerté sur le délabrement de l'hôpital public. En octobre 2019, la Direction de la recherche, des études,

---

[10] https://www.youtube.com/watch?v=MEV6BHQaTnw

de l'évaluation et des statistiques[11] (DREES) présentait le paysage hospitalier français : « 1 356 hôpitaux publics, 681 établissements privés à but non lucratif et 999 cliniques privées. Au total, le nombre de sites géographiques répertoriés continue de diminuer (...) Les capacités d'accueil de ces 3 036 établissements de santé se partagent entre hospitalisation complète (396 000 lits) ou à temps partiel (77 000 places). Reflet du développement de l'hospitalisation partielle à l'œuvre depuis plusieurs années, le nombre de lits continue de reculer en 2018 (-1,0 %), tandis que le nombre de places reste dynamique (+2,4 %). »

De fait, l'hôpital public a perdu 5,3% de ses lits en six ans soit 17.500 lits. En 2017 et 2018 ce sont encore 4.172 lits en hospitalisation complète qui ont été supprimés. Le 14 janvier 2020, plus de 1.000 chefs de service ont démissionné de leurs fonctions administratives « pour sauver l'hôpital public » comme ils l'ont écrit dans une lettre à la ministre de la Santé de l'époque Agnès Buzyn.

Quelques semaines et une redoutable épidémie plus tard, on ne peut que constater la catastrophe. Les hôpitaux sont saturés, le personnel soignant est épuisé, les malades ne sont plus accueillis normalement.

Le manque de lits, le manque de masques de protection, le manque d'appareils respiratoire sont criants. L'hôpital manque de tout. Il tient grâce au courage des infirmières, des médecins, des personnels de santé que l'on applaudit tous les soirs à 20 heures depuis sa fenêtre.

C'est dans ce contexte anxiogène que trois plaignants, représentant un collectif de soignants baptisé C19 accusent le Premier ministre, Édouard Philippe et l'ancienne ministre de la Santé, Agnès Buzyn, de n'avoir pas pris les mesures adaptées en temps voulu pour endiguer l'épidémie de coronavirus.

---

[11] https://drees.solidarites-sante.gouv.fr/

Les trois plaignants, Philippe Naccache, Emmanuel Sarrazin et Ludovic Toro, tous trois médecins, ont saisi la Cour de Justice de la République (CJR) au nom du collectif C19. Ils estiment qu'Edouard Philippe et Agnès Buzyn « avaient conscience du péril et disposaient des moyens d'action, qu'ils ont toutefois choisi de ne pas exercer ».

Médecins et infirmiers sont en effet en première ligne dans cette guerre asymétrique contre le virus. Le 23 mars 2020, l'Agence Régionale de Santé (ARS) Grand Est et la Préfecture de région ont été informées des décès de trois médecins atteints du coronavirus dans la région Grand Est : un médecin généraliste en Moselle, un gynécologue-obstétricien à Mulhouse et un médecin généraliste à Colmar. On déplore aussi 20 morts dans un Ehpad de Cornimont, dans les Vosges.

La situation s'aggrave chaque jour un peu plus. Les hôpitaux sont saturés. L'ARS Grand Est organise avec des partenaires de santé publics et privés le transfert de patients vers d'autres hôpitaux de France et des pays voisins, à bord d'un TGV médicalisé ou d'un avion sanitaire.

De leur côté, les policiers réclament des masques de protection et des gants lorsqu'ils vont au contact de la population comme le préconise un rapport de l'Organisation internationale de police criminelle.

Mais des masques, il n'y en a pas en France. Les 700 millions de masques, tous types confondus, constituant les stocks stratégiques de l'Etat, n'ont pas été renouvelés après la crise du H1N1 de 2009. Il faut en acheter à la hâte à… la Chine !

Pendant ce temps, le décompte macabre se poursuit.

En France on compte, au 31 mars 2020, pas moins de 3 523 décès dus à la COVID-19 dont 1 015 dans la région Grand Est. Dans cette ambiance angoissante, la gestion de la crise par les autorités pose question.

Par exemple le nombre de morts que donne la presse au jour le jour. Les chiffres officiels sont fournis à la fois par le site du gouvernement par le site du ministère de la Santé[12], par le site Santé Publique France[13] et, enfin, par les Agences régionales de santé[14]. Ajoutons à cela les chiffres non moins officiels de l'OMS.

L'ennui, c'est que les chiffres, les cartes, les définitions ne correspondent pas toujours. Comptabilise-t-on les morts « du » COVID ou « avec » le COVID ?

La façon chaotique dont les décès sont enregistrés pendant la pandémie pourrait signifier que des milliers de personnes ont été imputées à tort au virus. Suffit-il d'avoir été testé positif au SARS-CoV-2 quatre semaines avant pour être un mort de la COVID ? Existe-t-il une définition commune des « morts de la COVID » entre les pays ? Hélas, non ! Au Royaume-Uni, par exemple, on a utilisé jusqu'à 14 définitions différentes de « morts de la COVID ».

13 avril 2020. Nouvelle intervention télévisée du président de la République[15]. Emmanuel Macron annonce quatre semaines de confinement supplémentaire, jusqu'au 11 mai. Les Français qui le pouvaient sont partis à la campagne. Les autres se distraient comme ils peuvent avec leur téléphone portable, à coups de SMS humoristiques.

Dans les hôpitaux et dans les Ehpad, la mortalité fait frémir. L'Insee révèle que le nombre de morts a augmenté de 20% en France durant la première semaine d'avril 2020. Le Haut-Rhin enregistre, lui, une hausse de 143% entre le 1er mars et le 6 avril 2020 par rapport à l'année précédente.

---

[12] https://solidarites-sante.gouv.fr/soins-et-maladies/maladies/maladies-infectieuses/coronavirus/tout-savoir-sur-le-COVID-19/article/reponses-a-vos-questions

[13] https://www.santepubliquefrance.fr/dossiers/coronavirus-COVID-19

[14] https://www.grand-est.ars.sante.fr/

[15] https://www.youtube.com/watch?v=O_tuWqJK_t8

**La communauté scientifique se déchire**

Le 21 avril 2020, infodujour.fr pose la question : « Et si tout le monde s'était trompé ? (article censuré et republié sur le site contre-pouvoir.info/)[16] ». Nous expliquons alors qu'une « nouvelle théorie physiopathologique prévaut désormais dans le milieu médical : on soignerait les patients pour une pneumonie virale alors qu'il faudrait les traiter pour des troubles d'origine vasculaire. » L'article circule sur les réseaux sociaux et touche plus de 200.000 lecteurs dans la journée.

Nous écrivons ceci : « Depuis l'apparition, début janvier 2020, de la maladie COVID-19 provoquée par le coronavirus SARS-CoV-2, on constate que médecins et chercheurs sont complètement désemparés. Ils ne comprennent pas cette nouvelle pathologie. Les plus savants se succèdent sur les plateaux de télévision pour asséner des vérités que d'autres, aussitôt, viennent contredire. On est passé de « la grippette » du début janvier 2020 à « la guerre contre un ennemi invisible » à la mi-mars.

Le protocole du Pr Raoult, directeur de l'IHU Méditerranée Infection de Marseille, a provoqué une controverse planétaire doublée d'une querelle politico-médiatique. Didier Raoult, éminent spécialiste des maladies infectieuses, est l'un des plus grands défenseurs de l'hydroxychloroquine comme traitement contre la COVID-19. Nous en reparlerons.

A l'évidence, la communauté scientifique et médicale se déchirent car elles ne savent pas grand-chose sur les origines et le comportement de ce coronavirus, sur ses effets pathologiques, et surtout sur la manière de soigner les nombreux patients qui développent des formes graves de la maladie. Or, depuis son identification en Chine en novembre 2019, le coronavirus a maintenant infecté près de 2,5 millions de personnes dans le monde et provoqué 166.000 décès dont plus de 20.000 en France. Et ce n'est certainement pas fini.

---

[16] https://contre-pouvoir.info/2020/04/COVID-19-et-si-tout-le-monde-setait-trompe/

Des médecins de plus en plus nombreux, en France et dans le monde, affirment qu'il faut traiter la cause et non pas ses effets. Dans l'article du 21 avril 2020 « Et si tout le monde s'était trompé ?» infodujour.fr révèle que des médecins urgentistes aux Etats-Unis, en Italie, en France et ailleurs constatent chez leurs patients que la COVID-19 provoquée par le virus SARS-CoV-2 ne crée pas de Syndrome de Détresse respiratoire Aigu (SDRA), mais un trouble hypoxémique d'origine vasculaire (un manque d'oxygène dans le sang d'origine vasculaire par thrombo-embolies diffuses, autrement dit des « caillots » dans les vaisseaux).

« C'est comme si les patients étaient subitement dans un avion à 9000 mètres d'altitude et que la pressurisation de la cabine diminuait progressivement, constate le Dr Cameron Kyle-Sidell, médecin urgentiste, responsable d'un centre COVID-19 à New-York. Les patients sont lentement privés d'oxygène. »

Même raisonnement de la part du Pr Sandro Giannini à Bologne (Italie). Pour ce médecin, « la cause de la mortalité des patients COVID-positifs serait due à une thrombo-embolie veineuse généralisée, principalement pulmonaire. »

Si tel était bien le cas, il faudrait admettre que « les intubations sont inutiles, puisqu'il faut d'abord dissoudre ou prévenir les thrombo-embolies ».

En effet, il est inutile de ventiler un poumon si le sang n'arrive pas au poumon.

Neuf personnes ventilées sur dix meurent d'après le Pr Giannini, car le problème est cardio-vasculaire et non pulmonaire. » Reste à comprendre pourquoi les caillots de sang se forment chez les patients atteints de COVID-19.

Deux mois plus tard, en juin 2020, l'heure est au déconfinement. Le ressac de l'épidémie constaté depuis plusieurs semaines conduit les autorités à passer au stade II du déconfinement à compter du 2 juin. Le virus est sous contrôle, annonce le Premier ministre Edouard Philippe.

## Querelle autour des masques

Les Français partent en vacances. Mais au cours de l'été, la polémique enfle autour du port du masque. Le masque « grand public » dans les lieux clos est obligatoire, en France, depuis le 20 juillet 2020. Il est devenu obligatoire en extérieur, dans 330 communes ou dans certains quartiers très fréquentés depuis le 1er août. Mais le Premier ministre, Jean Castex, a annoncé mardi 11 août 2020 à Montpellier son intention « d'étendre le plus possible l'obligation du port du masque dans les espaces publics extérieurs ».

Dans le même temps, on demande aux Français d'aérer les habitations. Où est la logique ? Les « anti-masques » s'expriment essentiellement via les réseaux sociaux. Ils ont également organisé de grandes manifestations comme à Berlin, à Londres ou en Floride pour dénoncer le diktat des autorités. Mais ces « corona sceptiques » sont taillés en pièces par les grands médias qui voient en eux « des conspirationnistes » issus de « la facho-sphère » (extrême droite) renforcés par les back-blocs (extrême gauche). Bref, du grand n'importe-quoi.

Pour sortir de cet imbroglio idéologique, il est indispensable de se tourner vers la science. Mais les scientifiques ne sont toujours pas d'accord entre eux. Ceux qui, en France, disent aujourd'hui qu'il faut porter un masque pour « se protéger et protéger les autres », sont les mêmes qui, au début de l'épidémie, disaient le contraire. Quand faut-il les croire ?

Plus sérieuse est cette méta-analyse publiée en juillet 2020 dans PrimaryDoctor. Org[17], revue destinée aux médecins. Elle éclaire utilement les profanes.

Que dit-elle ? En gros, que la protection des masques chirurgicaux n'est qu'apparente. Ils ne servent pas à grand-chose pour se protéger des virus en milieu clos. Ils sont complètement inutiles, voire « dangereux », en milieu ouvert.

---

[17] https://www.primarydoctor.org/

Pour comprendre, il faut savoir que les masques sont destinés à bloquer les germes pathogènes : bactéries et virus, notamment. Les bactéries sont des micro-organismes assez gros, de 1 à 3 microns. Les virus sont plus petits. Le SARS-CoV-2, l'agent infectieux de la COVID-19 par exemple, ne mesure que 0,125 micron.

« Lorsque l'on respire à travers un masque on exprime des exhalaisons, nous explique un scientifique d'un grand laboratoire américain sous couvert d'anonymat. C'est-à-dire des vapeurs et des odeurs, généralement peu agréables. Elles imprègnent le tissu. Les fibres peuvent s'écarter et ne plus servir de barrière. »

Mais, surtout, les exhalaisons vont nourrir ce bouillon de culture où les microbes de toutes tailles vont se multiplier à loisir.

« Il faudrait donc, pour qu'il soit efficace, changer de masque toutes les demi-heures en prenant de grandes précautions lors de la pause et de la dépose. Faute de quoi les germes inspirés sont envoyés dans les couches profondes des poumons. »

Il y a pire. Le masque a un effet électro-statique. Il attire bactéries et virus, un peu comme les lingettes Swiffer attirent la poussière. Notamment dans les milieux ouverts lorsque la pression atmosphérique n'est pas contrôlée (comme dans un laboratoire). C'est-à-dire partout, en ville à la mer ou à la montagne. On imagine la suite. A chaque respiration, on s'auto-contamine un peu plus.

Bref, on n'y comprend plus rien. Faut-il ou non porter le masque de protection en tout le temps et en tous lieux, comme le préconisent les pouvoirs publics ?

Ou faut-il se méfier de ce bout de tissu sur nos visages ? Le débat fait rage dans les médias et sur les réseaux sociaux. Des collectifs s'organisent pour résister au diktat des autorités sanitaires et politiques.

Le ministre de l'Éducation, Jean-Michel Blanquer, annonce que les élèves de plus de 11 ans devront porter le masque[18] dans les établissements scolaires dès la rentrée du 1er septembre 2020.

La France est coupée en deux. Il y a les pro et les anti-masques. Mais tous sont d'accord pour dire que les autorités sanitaires et politiques de notre beau pays se sont largement fourvoyées dans cette galère. On se souvient évidemment de ce qu'elles disaient au tout début de l'épidémie : « le masque est inutile », « il ne faut pas porter de masque » ! « Ça ne sert à rien » et c'est même « contre-productif » ! Et, soudain, changement de pied.

La compétence des membres du Conseil scientifique est mise en cause. Créé le 11 mars 2020 dans le cadre de l'état d'urgence sanitaire[19] « pour éclairer la décision publique dans la gestion de la situation sanitaire liée au coronavirus », ce comité présidé par le Pr Jean-François Delfraissy et composé de dix autres experts, a été dissout le 31 juillet 2022.

Pourtant, il ne fait pas bon remettre en question la parole officielle sous peine d'être taxé de « complotiste ». Plusieurs collectifs dont #StopDictatureSanitaire sont entrés en résistance. Comme pendant la guerre. Et les escarmouches ne sont pas tendres sur les réseaux sociaux ou dans les médias.

La pandémie de COVID-19 est comparée au scandale du sang contaminé, il y a plus de trente ans. La gestion de la crise sanitaire est calamiteuse, depuis le début. Le cafouillage des scientifiques, des médecins et des autorités nationales et locales n'a rien de rassurant.

Pour l'heure on ignore encore beaucoup de choses sur ce satané virus SARS-CoV-2.

---

[18] https://www.youtube.com/watch?v=Q05qv1wtOJk

[19] https://www.vie-publique.fr/fiches/273947-quest-ce-que-letat-durgence-sanitaire

Les scientifiques ne sont pas d'accord entre eux pour dire s'il y a ou non un rebond de l'épidémie en France.

Les chiffres de la mortalité ne cessent de décroitre. Certes, on détecte de nouveaux cas et de nouveaux clusters, mais la situation semble s'améliorer.

Pas pour longtemps. Fin septembre, les autorités politiques donnent un nouveau tour de vis. Olivier Véran, le nouveau ministre de la Santé définit cinq niveaux d'alerte en France, selon la circulation du virus. Le virus devient plus politique que sanitaire.

14 octobre 2020. Emmanuel Macron annonce qu'un couvre-feu sera instauré à partir du samedi 17 octobre en Ile-de-France et dans les métropoles de Grenoble, Lille, Lyon, Aix-Marseille, Montpellier, Rouen, Saint-Etienne et Toulouse.

Il est instauré entre 21 heures et 6 heures du matin, dans le cadre de l'urgence sanitaire visant à limiter la propagation du virus.

Toute la question est de savoir si ce couvre-feu est la bonne réponse à un virus et une épidémie dont, pour l'instant, on ne sait pas grand-chose et dont, chaque jour, des « spécialistes » font étalage de leur ignorance à la télévision !

Fin octobre Jean Castex, Premier ministre et Olivier Véran ministre de la Santé préviennent : « Les semaines qui viennent seront dures. » Le ministre précise : « Sans mesures nouvelles, dans 15 jours il pourrait y avoir plus de 50.000 cas par jour ! »

Pendant ce temps, médecins et chercheurs cherchent la parade. L'automne 2020 ressemble fort au printemps. Le président de la République décide un reconfinement du 29 octobre minuit au 1er décembre, moins strict cependant que celui qui fut imposé du 17 mars au 11 mai 2020.

**Des plaintes en cascade**

Mardi 10 novembre 2020 : Le pôle santé publique du parquet de Paris ouvre quatre informations judiciaires contre X des chefs d'abstention volontaire de combattre un sinistre, de mise en danger de la vie d'autrui et d'homicides et blessures involontaires.

Ces procédures contre la gestion de la crise sanitaire regroupent 253 des 328 plaintes mettant en cause des décideurs et structures publics nationaux dont le parquet de Paris a été destinataire depuis le 24 mars 2020.

En cette fin d'année 2020, la circulation virale reste préoccupante selon Santé Publique France. Le nombre de cas confirmé augmente de 23% en semaine 51 (du 14 au 21 décembre) avec 98 280 nouveaux cas contre 80 104 en semaine 50. Cette augmentation observée depuis deux semaines est associée au moins en partie à une très forte augmentation du recours au dépistage.

Les nouvelles hospitalisations et admissions en réanimation, restent à des niveaux élevés, même si elles se stabilisent pour la deuxième semaine consécutive avec 8 672 nouvelles hospitalisations et 1 156 nouvelles admissions en réanimation en semaine 51 contre 8 608 et 1 146 en semaine 50.

L'épidémie est loin d'être jugulée.

# Chapitre 2

## Une découverte fondamentale

En ce début d'année 2021, la pandémie de coronavirus continue de terroriser le monde. Comme nombre de chercheurs, Jean-Marc Sabatier veut comprendre les mécanismes par lesquels cette étrange petite bestiole infecte nos cellules. Il veut décrypter son redoutable fonctionnement pour permettre ensuite aux laboratoires d'apporter une réponse thérapeutique à la COVID-19. L'infiniment petit est son domaine de prédilection.

Jean-Marc Sabatier est directeur de recherche au CNRS français, titulaire d'un doctorat en biologie cellulaire et microbiologie et d'une Habilitation à diriger des recherches (HDR) en biochimie. Il a dirigé plusieurs équipes de recherche académique (CNRS, INSERM et Université), ainsi qu'un laboratoire de recherche mixte académique-industriel consacré à l'ingénierie des peptides thérapeutiques (ERT62, Marseille, France). Il a également été directeur de recherche pour plusieurs entreprises privées françaises ainsi que pour une entreprise publique canadienne.

Le Dr Sabatier travaille dans le domaine des toxines animales et des microbes. Il a jusqu'à présent contribué à la rédaction de 33 livres et numéros spéciaux en toxinologie et en virologie, il est l'auteur de 217 articles scientifiques, 4 chapitres de livres spécialisés, 24 articles de congrès, 180 communications et 55 brevets en biologie et en chimie.

Il est rédacteur en chef des revues internationales « Coronaviruses » (le précédent rédacteur en chef était un responsable de l'institut de virologie de Wuhan, en Chine), « Infectious Disorders - Drug Targets », « Venoms and Toxins », et « Antibiotics » (section des peptides anti-microbiens).

Il est membre de 69 comités de rédaction de revues scientifiques, telles que « Peptides », « Molecules », « Frontiers in Pharmacology » (éditeur associé) et « Journal of Biological chemistry ».

Il a également revu des articles soumis pour publication dans plus de 100 revues internationales et fait office d'expert pour de nombreuses institutions nationales et internationales. Il a reçu le prix du «Citoyen de l'année» du Nouvel Economiste (1994) pour ses travaux sur les antiviraux. Il est membre d'une douzaine de sociétés scientifiques, telles que l'«American Peptide Society» (membre fondateur), l'«European Peptide Society», l'«American Society for Microbiology», la «Biochemical Society» et la «New-York Academy of Sciences».

Le SARS-CoV-2 ne le laisse donc pas indifférent. Voilà plusieurs mois déjà, il a publié ses premières découvertes qui bouleversent la compréhension de la maladie. Des découvertes fondamentales faites avec des virologues de Wuhan, en Chine.

Interviewé par le Dr Jean-Michel Wendling, consultant scientifique pour infodujour.fr, Jean-Marc Sabatier utilise ici un vocabulaire un peu technique. Il faut avoir à l'esprit quelques notions de microbiologie pour comprendre la portée de ses travaux.

**- Le système rénine-angiotensine** (SRA)[20].

C'est le système de régulation physiologique le plus important de notre organisme ; il contrôle les fonctions autonomes rénales, pulmonaires et cardiovasculaires. Il pilote également l'immunité innée et les divers microbiotes (dont le microbiote intestinal). Il s'agit d'une cascade de régulation endocrinienne et enzymatique. Ce système ubiquitaire se retrouve dans tous les organes et tissus du corps humain.

---

[20] https://www.passeportsante.net/fr/parties-corps/Fiche.aspx?doc=angiotensine

**- Le récepteur ACE2**[21]

Il s'agit d'une « protéine clé dans la physiologie du COVID-19, nécessaire à l'entrée du virus SARS-CoV 2 dans les cellules de l'hôte.

De cette première interaction découleraient plusieurs implications cliniques, avec notamment des conséquences sur le fonctionnement du système cardiovasculaire, mais pas que... » selon l'Inserm. Le récepteur ACE2 est en quelque sorte la porte d'entrée qui permet au virus d'envahir les cellules de notre corps.

**- Le récepteur AT1R**[22].

Le récepteur de type 1 de l'angiotensine II ou récepteur AT1R a des effets vasopresseurs et régule la sécrétion d'aldostérone.

Il est un élément important de la pression artérielle par le contrôle du volume dans le système cardiovasculaire (le récepteur AT1R a de nombreuses autres fonctions, détaillées ultérieurement dans cet ouvrage).

Ces mécanismes un peu compliqués permettent désormais de mieux comprendre les découvertes fondamentales de Jean-Marc Sabatier. Entretien.

**Quel serait, selon vous, le « vrai » responsable des manifestations de la COVID-19 ?**

**Jean-Marc Sabatier** - Le système rénine-angiotensine (SRA) est le « vrai » responsable de la COVID-19, et le SARS-CoV-2 est l'huile que l'on met sur le feu.

---

[[21]] https://www.inserm.fr/actualite/COVID-19-recepteur-cellulaire-centre-toutes-attentions/

[[22]] https://fr.wikipedia.org/wiki/AGTR1

Dès mars 2020, j'avais repéré les analogies extraordinaires entre les conséquences d'une infection au SARS-CoV-2 et celles d'un dysfonctionnement de ce système « clé ».

Ces analogies ont été rapportées dans une publication scientifique (acceptée en avril) que cosignent également le Dr. Emmanuelle Faucon et mes autres collaborateurs, les Prof. Zhijian Cao et Yingliang Wu, directeurs du laboratoire de virologie de Wuhan (Chine).

Lors de l'infection par le virus SARS-CoV-2, ce dernier se fixe sur le récepteur ECA2 (enzyme de conversion de l'angiotensine 2) des cellules-cibles qui a normalement pour fonction de dégrader l'angiotensine 2. Cette fixation du SARS-CoV-2 au récepteur ECA2 empêche ainsi une dégradation normale de l'angiotensine 2, ce qui entraîne une augmentation de sa concentration et une suractivation de sa cible cellulaire, le récepteur AT1R.

De quoi s'agit-il ?

Le récepteur AT1R suractivé est très délétère pour le corps humain par le biais du très néfaste orage de cytokines libérées (TNF-alpha, interféron-gamma, interleukine-6, interleukine-1-beta, etc.). Ces médiateurs sont à l'origine d'une évolution vers les formes graves (voire mortelles) de la COVID-19.

Le système rénine-angiotensine (SRA) est un système hormonal/physiologique « clé » que l'on retrouve partout dans le corps humain et particulièrement dans les poumons, reins, intestins, cœur, cerveau, testicules, vaisseaux sanguins, ainsi que les cellules du système immunitaire « inné » (monocytes circulants, macrophages, cellules dendritiques/cellules présentatrices d'antigènes, cellules Natural Killer, etc.). Le SRA contrôle l'immunité « innée » (réponse non spécifique « immédiate » aux agents pathogènes) et le microbiote intestinal.

Quelles seraient les maladies « COVID-19-like » dont le SRA serait responsable sans présence du virus ?

Le SRA est responsable des maladies « COVID-19-like » via une suractivation de son récepteur « délétère » AT1R.

Ce récepteur activé induit principalement une vasoconstriction/hypertension, une inflammation, un stress oxydatif, une chute du monoxyde d'azote, une hypertrophie et une fibrose d'organes. Cet effet « délétère » se traduit par l'apparition potentielle de symptômes et maladies tels que : hypertension artérielle, athérosclérose, hypertrophie (cœur, vaisseaux sanguins), fibrose (cœur, poumons, reins, foie), insuffisance cardiaque, atteintes rénales et pulmonaires (dont le syndrome de détresse respiratoire aigüe, et l'asthme), anosmie (perte d'odorat), agueusie (perte de goût), désordres neurologiques / troubles de la mémoire, diarrhée, inflammations intestinales et vasculaires, dysfonctionnement du métabolisme lipidique, obésité et action sur le métabolisme du glucose (diabète), thrombose / coagulopathie, lésions cutanées et testiculaires.

En outre, il apparait que le SRA « dérégulé » pourrait être étroitement lié au déclenchement de troubles neurologiques, cancers, et autres maladies auto-immunes (sclérose-en-plaques, polyarthrite rhumatoïde, etc.), par ses actions sur le système nerveux central, la prolifération et l'adhésion cellulaire, et l'immunité « innée ».

La connaissance approfondie des répercussions physiologiques d'un « emballement » du SRA permet finalement de décrire, comprendre, et anticiper l'ensemble des maladies COVID-19 associées à une infection par le SARS-CoV-2.

Ce système rénine-angiotensine (SRA), dans son emballement « délétère », pourrait-il être freiné par des médicaments déjà sur le marché ou des médicaments candidats ?

Oui, les maladies (et symptômes) COVID-19 pourraient être contrecarrées, voire traitées, par des molécules capables de « freiner » une suractivation du SRA.

Plusieurs molécules connues sont des « freins » du SRA suractivé : la vitamine D, la dexaméthasone, corticoïde largement utilisé dans les formes avancées de la COVID-19, mais également certains produits de dégradation de l'angiotensine (angiotensine 1-7, angiotensine 1-9, almandine, angiotensine A, et angiotensine IV, actifs respectivement sur les récepteurs cellulaires MasR, AT2R, MRGD, ECA2, et AT4R).

Parmi ces molécules, la vitamine D est très importante. Elle peut être facilement administrée et présente un faible coût. Elle est indispensable chez les personnes déficientes (cholécalciférol ou vitamine D3). Une telle supplémentation est nécessaire, particulièrement en cette période de pandémie virale, et compte-tenu de la déficience/carence en vitamine D de la majorité de la population. »

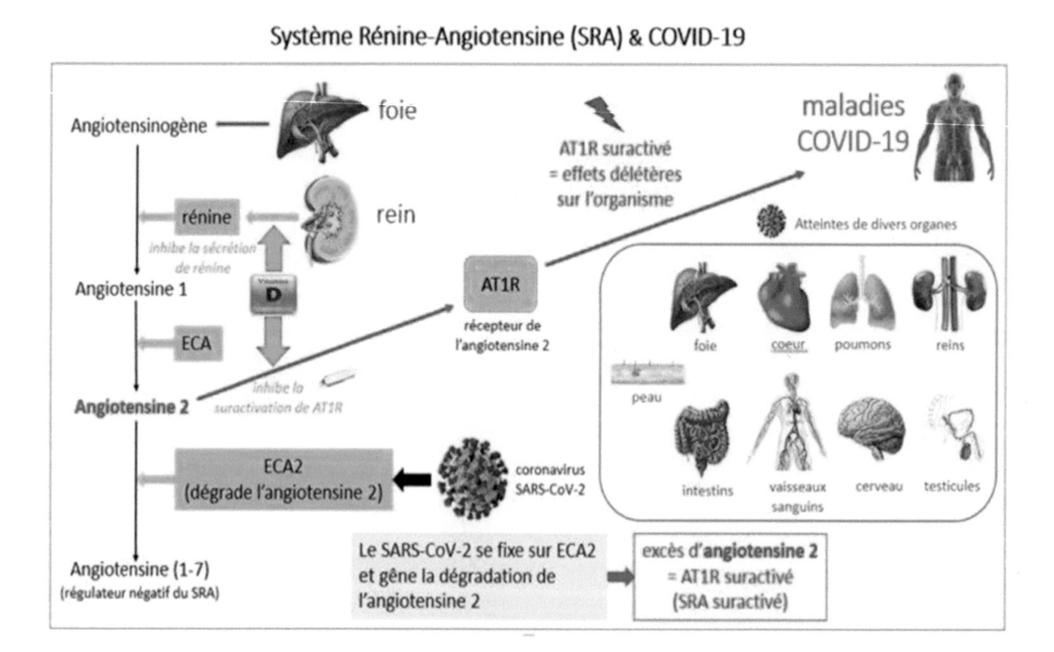

**Plusieurs vaccins arrivent sur le marché**

Bien que publiés dans les revues scientifiques, ces découvertes n'ont pas suscité l'écho qu'elles auraient dû. Compromise par des affaires de corruption, accusée de liens financiers avec les grands laboratoires pharmaceutiques, la communauté médicale et scientifique est alors complètement discréditée. La presse scientifique l'est tout autant. Même la vénérable revue scientifique britannique The Lancet s'est disqualifiée en publiant une étude fausse, voire falsifiée, sur l'inefficacité de l'hydroxychloroquine contre la COVID-19.

Quant aux autorités sanitaires, en France comme à l'étranger, elles naviguent à vue, et répondent aux injonctions des puissants lobbies chargés de porter la bonne parole des grands laboratoires pharmaceutiques.

Cela est d'autant plus regrettable que l'épidémie de COVID-19 continue de faire des ravages. Le 3 janvier 2021, Santé Publique France publie un point de situation effrayant pour la semaine qui vient de s'écouler.

Le tableau récapitulatif fait état de 2 655 728 cas de COVID-19 confirmés en France (12 489 de plus depuis la veille) ; un taux de positivité des tests de 5,2% ; 2 194 clusters sont en cours d'investigation dont 817 en Ehpad. On dénombre 65 037 décès depuis le début de l'épidémie dont 45 257 à l'hôpital (+116 en 24 heures) ; 7 460 nouvelles hospitalisations sur les 7 derniers jours dont 1 135 en réanimation; 100 départements français sont en situation de vulnérabilité.

En, ce début d'année 2021, tous les espoirs se tournent vers la science et la mise au point du vaccin miraculeux qui, seul, sera capable d'enrayer la pandémie. Compte tenu des conséquences sanitaires, économiques et sociales gigantesques provoquées depuis un an par le coronavirus, il devient urgent de trouver l'antigène du SARS-CoV-2. Des moyens financiers et humains considérables ont été mobilisés.

Depuis quelques mois déjà, l'Initiative ACT-A[23] a été mise en place par le G20[24] et l'OMS[25]. Il s'agit d'une initiative internationale visant à coordonner une réponse globale à la COVID-19, réponse qui se veut juste et solidaire.

Celle-ci réunit des gouvernements, des scientifiques, des entreprises, la société civile, des organismes philanthropiques et des organisations mondiales telles que la Fondation Bill-et-Melinda-Gates[26], la Coalition pour les innovations en matière de préparation aux épidémies[27] (CEPI), la Fondation pour de nouveaux outils diagnostiques novateurs (FIND), Gavi L'Alliance du Vaccin[28], le Fonds mondial[29], Unitai[30], Wellcome[31], et la Banque mondiale[32].

Grâce à quoi plusieurs vaccins arrivent sur le marché. En ce début d'année 2021, il existe au moins neuf technologies différentes pour fabriquer un vaccin contre la COVID-19.

Toutes se focalisent sur la protéine Spike du SARS-CoV-2 de la souche d'origine, celle de Wuhan. Une nouvelle génération de vaccins apparait. Il s'agit des vaccins à ARN messager (ARNm).

---

[23] https://www.elysee.fr/emmanuel-macron/2021/09/25/linitiative-act-a-une-reponse-solidaire-et-coordonnee-a-la-crise-de-la-COVID-19

[24] https://fr.wikipedia.org/wiki/Groupe_des_vingt

[25] https://www.who.int/fr

[26] https://www.gatesfoundation.org/

[27] https://fr.wikipedia.org/wiki/Coalition_pour_les_innovations_en_mati%C3%A8re_de_pr%C3%A9paration_aux_%C3%A9pid%C3%A9mies

[28] https://fr.wikipedia.org/wiki/GAVI_Alliance

[29] https://fr.wikipedia.org/wiki/Fonds_mondial_de_lutte_contre_le_sida,_la_tuberculose_et_le_paludisme

[30] https://fr.wikipedia.org/wiki/Unitaid

[31] https://fr.wikipedia.org/wiki/Wellcome_Trust

[32] https://fr.wikipedia.org/wiki/Banque_mondiale

D'autres technologies ciblent un plus large panel de protéines du SARS-CoV-2, et ne se limitent pas à la seule protéine S (Spike), comme les vaccins à virus inactivés. Les vaccins à ARNm sont des vaccins activant le système immunitaire. Pour faire simple, la protéine S est produite dans les cellules par le vaccin ARNm, elle est reconnue par le système immunitaire qui réagit -entre autres- en produisant des anticorps dirigés contre l'agent infectieux.

Plusieurs vaccins contre la COVID-19 sont autorisés en France.
- Le Comirnaty, du laboratoire Pfizer/BioNtech, à compter du 21 décembre 2020;
-Le Spikevax, du laboratoire Moderna à compter du 6 janvier 2021;
- Le Vaxzevria, du laboratoire AstraZeneca, à compter du 29 janvier 2021;
- Le Jcovden (ex-COVID-19 Vaccine Janssen) du laboratoire Janssen-Cilag international, à compter du 11 mars 2021;
- Le COVID-19 Vaccine Nuvaxovid du laboratoire Novavax, à compter du 20 décembre 2021;
- Le COVID-19 vaccine Valneva du laboratoire Valneva à compter du 27 juin 2022.

Comment ça marche ?

Un dessin est parfois plus explicite qu'un long discours. Voici un schéma publié par l'Agence nationale du médicament (ANSM).[34]

**La stratégie vaccinale du gouvernement**

Elle doit remplir trois objectifs de santé publique :

• Faire baisser la mortalité et les formes graves de la maladie
• Protéger les soignants et le système de soins
• Garantir la sécurité des vaccins et de la vaccination

---

[34] https://www.passeportsante.net/fr/parties-corps/Fiche.aspx?doc=angiotensine

## COMMENT FONCTIONNENT LES VACCINS À ARN MESSAGER ET À VECTEUR VIRAL CONTRE LA COVID-19 ?

**Ces vaccins contiennent les instructions pour fabriquer des copies de la protéine virale Spike.**
C'est cette protéine qui permet, lors d'une infection, au coronavirus SARS-CoV-2 de pénétrer dans nos cellules et de s'y multiplier.

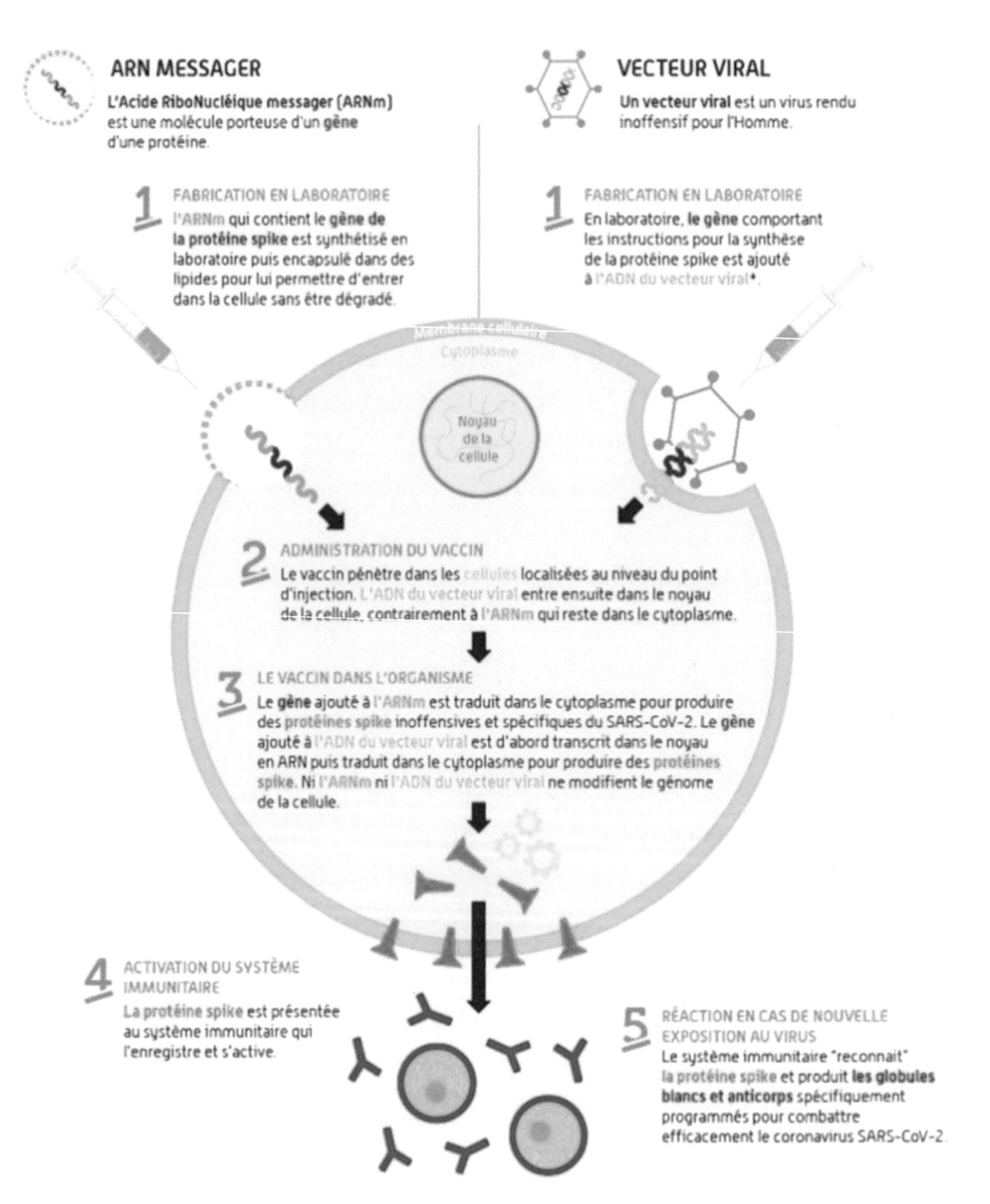


* Il existe deux types de vecteurs viraux : ceux qui peuvent se répliquer dans les cellules et ceux qui ne le peuvent plus, car leurs gènes clés de réplication ont été supprimés. Cas particulier du vecteur viral réplicatif : le vecteur viral va, en plus de la production de la protéine S, produire des copies de lui-même, qui pourront ensuite aller dans d'autres cellules, permettant une production plus importante de protéine S.

Suite à l'autorisation de mise sur le marché donnée par l'Agence européenne du médicament au vaccin Pfizer/BioNTech et à l'avis favorable de la Haute autorité de santé (HAS), la France a lancé sa campagne de vaccination contre la COVID 19 le dimanche 27 décembre 2020.

Le gouvernement français a fait appel aux services de la société de conseil américaine McKinsey pour l'aider à mettre en place la logistique de vaccination si l'on en croit le média américain Politico[35]

Il s'agit, pour Mc Kinsey, d'« établir des comparaisons entre les logistiques mises en œuvre dans d'autres pays » et de « soutenir la coordination opérationnelle » du groupe de travail.

L'info, reprise par le Canard Enchaîné, soulève une vague d'indignation.

« Qu'est-ce que McKinsey vient faire là-dedans ? » se demande Olivier Marleix, député LR d'Eure et Loir, « on a un ministère de la Santé, un ministère de l'Intérieur, un ministère de la Défense… ».

A quel prix ? L'information reste confidentielle.
Mais le fait de sous-traiter l'organisation et le conseil de la campagne de vaccination à des entreprises privées étrangères est un nouvel aveu de faiblesse de l'appareil d'Etat.

A quoi bon payer des dizaines de milliers de fonctionnaires, souvent très compétents, dans les ministères, les ARS, la Haute Autorité de la santé, les agences ou établissements de l'Etat, l'Agence de sécurité du médicament et tous les autres acteurs chargés du pilotage du système de santé français, si c'est pour le confier à des entreprises privées, étrangères de surcroît, grognent de nombreux élus ?

---

[35] https://www.politico.eu/article/coronavirus-COVID19-vaccine-campaign-fail-france-president-emmanuel-macron-election/

Le fait est que la campagne de vaccination menée en France depuis une semaine est un échec.

Un échec qui s'inscrit dans la continuité des nombreux revers dans l'approvisionnement des masques, des gants, du gel hydroalcoolique, du fiasco du confinement en mars 2020 et, surtout, du déconfinement en mai. Sans parler de tout le reste.

Alors que la Grande Bretagne a vacciné plus d'un million de sujets de Sa Gracieuse Majesté en quatre jours, à la fin de l'année 2020, la France, elle, n'a vacciné que 300 de ses concitoyens.

Une débâcle ! Une de plus dans cette guerre contre le coronavirus qui témoigne « d'un déclassement et d'un appauvrissement organisationnel et technologique effarant » de notre pays, comme le souligne dans les colonnes de FigaroVox Antoine Lévy, économiste français et doctorant au Massachusetts Institute of Technology.

Comment expliquer ces retards ? La réponse est apportée par Alain Fischer, Monsieur vaccin du gouvernement, sur Europe 1 : « C'est bien qu'on n'aille pas trop vite (…) Il ne faut pas se précipiter. [Il faut se] donner le temps de faire les choses bien en termes de sécurité, d'efficacité, d'organisation et d'éthique avec le consentement ».

Le ministre de la Santé Olivier Véran confirme sur France 2 :

« Nous recueillons le consentement des personnes avant qu'elles soient vaccinées »dit-il.

Ce n'est pas l'avis d'Antoine Levy (toujours dans FigaroVox) pour qui le naufrage de la lutte contre l'épidémie de coronavirus est « celui de la responsabilité, qui a désormais laissé place à une omniprésente culture de l'excuse.

Le COVID, c'était d'abord la faute des pangolins et des marchés en plein air. Puis ce fut celle la Chine, avant d'être celle du capitalisme.

C'est la faute de la mondialisation, celle de Bruxelles, celle des Français eux-mêmes, querelleurs et indisciplinés… cette fois, plus d'excuse. Cet échec, il est celui de l'État, de notre État. »

La France a reçu 1,6 million de doses sur les 200 millions précommandés. Or, l'appel d'offres concernant le transport des vaccins n'aurait pas été attribué dans les temps. L'une des raisons serait que nous ne disposerions pas de suffisamment de surgélateurs conformes.

D'où les retards pris dans la campagne de vaccination. Et le coup de gueule du Président de la République rapporté notamment par le Journal du Dimanche pour qui Emmanuel Macron fustigerait le « rythme de promenade en famille » de cette campagne de vaccination. « La France peut et doit gagner cette guerre, tonne le Président. Elle la gagnera...

Moi, je fais la guerre le matin, le midi, le soir et la nuit. Et j'attends, de tous, le même engagement. Or, là, ça ne va pas. […] Ça doit changer vite et fort et ça va changer vite et fort. »

Il serait temps ! Car la politique du « quoi qu'il en coûte » coûte cher. En janvier 2021, le gouvernement reconduit les dispositifs existant de report d'échéances sociales, tout en les adaptant à l'évolution des mesures sanitaires. Ainsi, ces reports sont progressivement recentrés sur les entreprises les plus affectées par les restrictions.

Depuis le début de la crise, plus de 30 milliards d'euros de cotisations sociales ont été reportés par les employeurs.

La dette se creuse, l'économie du pays est exsangue. Cela ne pourra pas durer indéfiniment. Il faut sortir rapidement de cette épidémie.

La France n'a pas d'autre choix que de vacciner à tour de bras pour rattraper son retard. Mais décidément, la campagne de vaccination tourne au désastre. Dernier avatar en date, si l'on en croit une note confidentielle de Bercy, la France aurait « perdu 30% des doses de vaccination faute de logistique de congélation ».

On sait que la France a d'abord choisi le vaccin de Pfizer/BioNTech qui nécessite l'injection de deux doses, contrairement aux Britanniques qui ont choisi un autre vaccin, celui de la firme AstraZeneca, nécessitant l'injection d'une seule dose.

Or, le vaccin développé par Pfizer/BioNTech doit être maintenu à une température inférieure à -70° pour rester efficace. Ce qui exige des infrastructures de stockage et une logistique importante.

Les autorités sanitaires et politiques n'ont pas trop le choix. On ouvre des centres de vaccination un peu partout en France. Les vaccins sont réservés en priorité aux personnes âgées des Ehpad, au personnel soignant et aux personnes souffrant de comorbidités.

Mais ça commence mal. Jean Castex a beau dénoncer « les polémiques stériles » à propos des lenteurs de la campagne de vaccination, on ne peut s'empêcher de pester contre les technocrates de notre beau pays qui multiplient les âneries. A croire qu'ils le font exprès.

Dernière bourde en date, celle du matériel. A Nice et à Cannes, notamment, les seringues livrées avec les vaccins sont « inadaptées par rapport à la forme du vaccin Pfizer/BioNTech » selon Rémy Collomp, chef du pôle Pharmacie au CHRU de Nice cité par Franceinfo[36] et France 3 Provence- Alpes-Côte-d'Azur.

---

[[36]] https://france3-regions.francetvinfo.fr/provence-alpes-cote-d-azur/alpes-maritimes/nice/vaccination-COVID-19-seringues-inadaptees-livrees-au-chu-nice-1912360.html

Elles sont trop courtes (16 mm), certes adaptées pour une piqure sous-cutanée, mais inappropriées pour une piqure intramusculaire (25 mm) comme l'exige le protocole d'utilisation spécifique de Pfizer. Ce que confirme aussi le Pr Laurent Fignon, médecin en soins palliatifs au centre hospitalier Simone Weil de Cannes sur Twitter.

Même remarque sur cette anomalie du Dr Frédéric Adnet, chef des Urgences de l'hôpital Avicennes en Seine-Saint-Denis : « Les aiguilles orange 25G en France correspondent aux injections S/C et le pincement de la peau n'est pas la bonne manière de piquer en IM. Il faut rectifier cela d'urgence ! »

L'ennui c'est que de nombreux centres de vaccination en France ont reçu ces aiguilles courtes. Mais il ne faut pas le dire pour ne pas alimenter « les polémiques stériles ».

Déjà, plusieurs collectifs de médecins indépendants plaident pour une autre gestion de la crise sanitaire. L'un d'eux s'appelle « laissons les médecins prescrire ». Il plaide pour que les médecins généralistes ne soient pas écartés de la prise en charge de leurs patients souffrant de la COVID-19.

Ils veulent pouvoir prescrire l'hydroxychloroquine et l'azithromycine comme le préconise le Pr Raoult, patron de l'IHU Méditerranée Infection de Marseille.

D'autres collectifs de médecins et de soignants sont créés pour exiger une autre approche de la médecine. La coordination « Santé Libre » représente plusieurs collectifs de soignants « désireux de faire entendre leur voix face à une gestion sanitaire qui ne prend pas en compte les études internationales et les différents avis scientifiques entrainant des décisions contestables sur le plan médical. »

C'est une forme de rébellion face au diktat de l'autorité sanitaire toute puissante.

Depuis Marseille, le Pr Raoult prend la tête de la contestation. Il fait le tour des plateaux de télévision. Il explique que les variants de la COVID-19 sont de nouvelles épidémies. Il ne se prive pas pour égratigner au passage le ministre de la Santé et le Conseil de l'Ordre des médecins.

Dans une interview vidéo, le célèbre infectiologue dénonce « le retard scientifique colossal » de la France. « Je pense, dit-il, que les décisions stratégiques qui ont été prises étaient une grande erreur. C'était oublier que les virus sont vivants. Ils changent sans arrêt, ils sont sélectionnés, ils s'adaptent. Ce ne sont pas des objets, si on comprend que ce n'est pas des objets on comprend que c'est une lutte qui est très longue et complexe, imprévue et pleine de surprises. » Il ajoute, frondeur : « La France a pris un retard considérable dans les tests, un des derniers pays moderne à faire des tests, la France est le dernier de la classe en termes de séquençage… Ce qui a fait cette polémique [sur l'épidémie] c'est que les gens ne séquencent pas du tout et ils parlaient de choses qu'ils ne pouvaient pas voir… Il n'y a que nous qui avons commencé à refaire des séquences cet été quand on a vu apparaître cette deuxième épidémie. Ces gens ont fantasmé sur un deuxième rebond qui n'a jamais existé. Ce qui s'est passé c'est une nouvelle épidémie avec ce qu'on a appelé des variants. Les variants étant ceux qui ont plus de dix mutations à la fois (…) mais comment on peut les voir ? Il faut faire des génomes. »

Quant au nombre de morts de la COVID, le Pr Raoult les conteste : « Si on regarde la proportion de décès chez les patients qui ont plus de 75 ans, il s'est passé quelque chose en 2020 : il y a une surmortalité des gens de plus de 75 ans. Quand vous passez aux plus de 65 ans la différence est franchement moins notable. Et si vous passez, ça c'est la surprise du jour, aux gens qui ont moins de 65 ans il y a eu en 2020 moins de morts qu'en 2019. Mille morts de moins, ça, c'est la réalité, ce n'est pas de la fiction, ce n'est pas l'excitation, ce n'est pas une fake news. Vous savez, les spécialistes des fake news, ce sont ceux qui n'aiment pas les vraies nouvelles ; c'est ce que j'ai appris avec le temps et à mes dépens. »

**Couvre-feu et port du masque**

Fin janvier 2021, le ministre de la Santé, Olivier Véran tient une conférence de presse pour dire que la situation sanitaire en France n'est pas bonne, que les chiffres ne sont pas bons. Le variant anglais du virus fait redouter le pire. « Une épidémie dans l'épidémie. Plus de 2.000 patients sont infectés chaque jour. Il convient donc d'apporter de nouvelles réponses pour freiner l'épidémie. »

Lesquelles ? Olivier Véran ne le dit pas. Mais ces nouvelles restrictions sanitaires ne seront pas un confinement total, comme au printemps 2020, ni un demi-confinement comme à l'automne. Car s'il faut protéger la population du virus et de ses variants, il ne faut pas sacrifier complètement l'économie du pays. Et saper définitivement le moral des Français.

C'est vrai, si le premier confinement a été dur, le second l'a été plus encore. Une récente étude a même montré que le confinement portait atteinte à l'équilibre psychique des étudiants. L'obligation de rester connecté apportait un aspect ludique à l'enseignement, mais la nouveauté s'est estompée et le télétravail est devenu démobilisateur. Comme l'ensemble de la société française, les étudiants sont déboussolés par cette crise sanitaire et les restrictions qui leur sont imposées.

Pas de troisième confinement, donc. Mais un couvre-feu sur tout le territoire national de 18 heures à 6 heures du matin. Le port du masque est déjà obligatoire dans les transports, dans les commerces et tout établissement recevant du public, ainsi que pour les élèves des établissements scolaires dès l'âge de 6 ans.

Décidément ce virus fait peur. Pourquoi la science est-elle si impuissante à le combattre ? Pourquoi les chercheurs sont-ils si divisés sur le sujet ? Ces questions deviennent obsédantes. D'autant que la COVID-19 touche tous les continents.

# Chapitre 3

## La COVID-19 à saute-frontières

En cet hiver 2021, la situation épidémique reste préoccupante en France. Avec 138 771 nouveaux cas confirmés en semaine 07, on enregistre 565 décès supplémentaires au cours des dernières 24 heures, dont 286 à l'hôpital.

Dans un contexte de tensions hospitalières persistantes et de prédominance de variants plus transmissibles, une aggravation de l'épidémie est redoutée dans les prochaines semaines.

D'où l'intérêt, pour les autorités sanitaires, d'accélérer la vaccination. Celle-ci est ouverte désormais aux personnes de 50-64 ans présentant des comorbidités alors que davantage de Français se déclarent prêts à se faire vacciner.

Les premiers effets semblent prometteurs avec une diminution des indicateurs épidémiologiques chez les plus de 75 ans et les résidents en EHPAD. L'adoption systématique des gestes barrières, l'isolement immédiat et la réalisation d'un test en cas de symptômes évocateurs de COVID-19 restent imposés.

La situation est cependant compliquée pour les travailleurs transfrontaliers d'Alsace et de Lorraine, notamment. Le département de la Moselle a été classé en « zone de circulation de virus » par l'Institut allemand Robert Koch à compter du 2 mars 2021.

Dès lors, toute personne, quelle que soit sa nationalité, qui entre en Allemagne depuis la Moselle doit se conformer aux règles fixées par le gouvernement fédéral allemand.

Concrètement, chacun doit présenter : un test de dépistage négatif au COVID-19 de moins de 48 heures ; une déclaration électronique d'entrée sur le territoire allemand qui lui impose de réaliser à chaque passage de la frontière un enregistrement d'entrée numérique (DEA) disponible à l'adresse einreiseanmeldung.de[37], ou compléter un formulaire de remplacement, si l'enregistrement numérique ne fonctionne pas. Le formulaire est également disponible en français sur un site dédié.

Une vraie galère pour environ 50.000 Français qui vont travailler chaque jour en Allemagne. Car aucune exception n'est tolérée.

En outre, les entreprises publiques et privées de transport collectif ne pourront plus transporter de voyageurs depuis la Moselle en Allemagne. Ceci implique la suspension des liaisons de TER, de bus et de tram entre le département mosellan et l'Allemagne.

Les TGV directs de Paris jusqu'en Allemagne ne sont pas modifiés.

Pour les TGV marquant un arrêt à Forbach : les voyageurs pourront descendre à Forbach mais ne pourront pas embarquer depuis Forbach vers l'Allemagne. La possibilité de réserver un trajet international depuis Forbach vers l'Allemagne sera suspendue.

Rappelons que les frontaliers sont exemptés de quarantaine lors de leur venue en Sarre ou Rhénanie Palatinat et que les règles d'entrée sur le territoire français ne sont pas modifiées : les personnes qui résident dans un périmètre de 30 km de la frontière et entrent en France pour moins de 24 heures, les personnes qui franchissent régulièrement la frontière pour leur travail et les chauffeurs routiers doivent présenter un document justifiant leur passage mais sont dispensés de l'obligation de test PCR de moins de 72 heures, qui est applicable à toutes les autres personnes.

---

[37] https://www.bundesgesundheitsministerium.de/coronavirus/infos-reisende/merkblatt-dea.html

La situation au Luxembourg est particulière. En effet, ce petit pays de 639.000 habitants au cœur de la grande région Saar-Lor-Lux, est l'une des plus grandes places financières d'Europe. Elle accueille chaque jour environ 200.000 frontaliers en provenance des pays voisins, pour moitié de France, l'autre moitié étant partagée entre l'Allemagne et la Belgique.

Dès le 18 mars 2020, le Grand-Duché a pris une série de mesures draconiennes dans le cadre de la lutte contre le coronavirus. Il est interdit de circuler sur la voie publique, sauf pour acheter des denrées alimentaires ou pour se soigner. Toutes les activités culturelles et sportives sont suspendues pour une durée de trois mois. Le Luxembourg est en « état de crise » jusqu'au mois de juin[38].

Pour continuer de lutter contre la propagation du virus, des accords franco-luxembourgeois ont été signés, permettant notamment le télétravail des salariés dans son pays de résidence. Ces accords ont pris fin le 1er juillet 2022.

La Suisse accueille environ 340.00 transfrontaliers dont la moitié vient de France. Ils travaillent dans différents secteurs de l'économie : la banque, l'industrie manufacturière, l'énergie, l'immobilier, notamment.

Dès le 13 mars, les directives fédérales imposent des mesures sanitaires strictes : port du masque, fermeture de plusieurs infrastructures publiques et privées. En outre, les rassemblements de plus de cinq personnes sont interdits en Suisse. Ce qui lui vaudra curieusement une condamnation de la Cour Européenne des Droits de l'Homme pour « atteinte à la liberté de réunion ».

Les mesures sanitaires prises par la Suisse ont eu des répercussions sur les travailleurs frontaliers.

---

[[38]] https://unric.org/fr/COVID-19-le-luxembourg-en-etat-de-crise-jusquen-juin/

Voilà pourquoi le Groupement Transfrontalier Européen[39] (GTE) a plaidé pour une prolongation de l'accord amiable provisoire du 13 mai 2020 entre la France et la Suisse concernant le télétravail des frontaliers en matière sociale et fiscale. Cet accord a été prolongé jusqu'au 30 juin 2022.

On circule beaucoup en Europe et pas seulement les travailleurs transfrontaliers. De nombreux citoyens européens se déplacent d'un pays à l'autre pour des raisons professionnelles ou personnelles[40].

Pour faciliter les déplacements des personnes entre les 27 Etats de l'Union, la Commission européenne a présenté, le 17 mars 2021 un projet de « certificat vert » rebaptisé « certificat COVID numérique européen ».

Avec plus d'un milliard de certificats générés, l'Union Européenne « offre ainsi la possibilité de se déplacer librement d'un pays à l'autre au sein des 27 pays de l'Union européenne et 16 pays et territoires non-membres de l'UE (dont les membres de l'espace Schengen) sans subir de contrôle aux frontières. » Or, depuis le début de la pandémie de COVID-19, cette liberté de circulation, a été réduite à de nombreuses reprises pour des motifs liés à la santé publique.

Comment ça marche ? Les autorités nationales sont chargées de la délivrance de ce certificat, précise la Commission européenne.

Il peut être délivré par les hôpitaux, les centres de tests ou les autorités sanitaires. Il est obtenu par les personnes vaccinées contre la COVID-19 par l'un des quatre vaccins homologués par l'Agence européenne du médicament (EMA), par les personnes ayant réalisé un test négatif homologué au niveau européen (PCR ou antigénique), par les personnes déjà infectées par le virus et donc potentiellement immunisées.

---

[39] https://www.frontalier.org/coronavirus-consequences-frontaliers-suisse.htm

[40] https://infodujour.fr/sante/47450-depistage-COVID-19-ou-et-comment-se-faire-tester-en-europe

Malgré toutes ces précautions, on assiste à un rebond épidémique au printemps 2021. En présentant son point hebdomadaire sur la situation sanitaire du pays, le 11 mars, Olivier Véran se dit « préoccupé » par l'évolution du virus notamment dans trois régions : « les Hauts-de France, PACA et l'Île-de-France.

Le taux d'incidence est de 44 pour 100.000 habitants dans les Pyrénées-Atlantiques, il est de 472 dans les Alpes-Maritimes » dit-il. La pression sur les hôpitaux est très forte, principalement en Île-de-France où « un seuil critique » pourrait être atteint à la fin du mois de mars. Les autorités sanitaires se préparent à transférer « des dizaines, voire des centaines » de patients d'Île-de-France vers d'autres régions, comme ce fut le cas au printemps 2020.

Une seule parade à l'épidémie : le vaccin. Il faut vacciner, encore et encore.

« En 24 heures, 286 000 Français ont reçu une dose de vaccin, c'est un record » souligne Olivier Véran. Plus de quatre millions ont reçu une première injection et deux millions ont pu bénéficier des deux doses, rappelle le ministre qui n'estime pas utile de suspendre le vaccin AstraZeneca comme l'ont fait par précaution, ce 11 mars 2021, plusieurs pays comme la Norvège, le Danemark ou l'Islande, en raison de craintes liées à la formation de caillots sanguins.

Explication : « J'ai saisi l'Agence nationale de sécurité du médicament dès ce midi, affirme le ministre de la Santé et il n'y a pas lieu de suspendre la vaccination par AstraZeneca : sur 5 millions d'Européens, 30 ont développé des troubles de la coagulation. Des enquêtes sont en cours, mais il n'y a pas de surrisque ».

La situation est « tendue et inquiétante » selon Olivier Véran mais elle ne justifie pas, pour le moment, de nouvelles restrictions.

Les chiffres publiés le lendemain par Santé Publique France, le 12 mars 2021, font état de 90.146 décès depuis le début de l'épidémie (+ 228 en 24 heures).

Le 18 mars, le Premier ministre et le ministre de la Santé, annoncent de nouvelles mesures visant à juguler l'épidémie de COVID. Les restrictions de libertés concernent 21 millions de Français dans 16 départements pendant quatre semaines mais les écoles et les commerces de première nécessité resteront ouverts. Un troisième confinement pour un tiers des Français.

Pour les autres, le couvre-feu est retardé à 19 heures. Le Premier ministre demande « à toutes les entreprises et administrations qui le peuvent » de favoriser le télétravail pour atteindre, si possible, 4 jours sur 5. Conscient que ces restrictions de liberté sont difficiles, Jean Castex explique que la situation reste très difficile dans les départements concernés et que les hôpitaux arrivent à saturation.

Avant de céder la parole à Olivier Véran, Jean Castex tient à dire que le vaccin AstraZeneca reste un sérum sûr comme l'a confirmé la Haute Autorité de Santé (HAS). « La campagne de vaccination reprendra dès demain, dit-il. Je me ferai moi-même vacciner demain avec le vaccin AstraZeneca ».

Grâce aux livraisons qui arrivent « nous tiendront les objectifs que nous nous sommes fixés, ajoute le Premier ministre : 10 millions de personnes vaccinées à la mi-avril, 20 millions à la mi-mai et 30 millions à la mi-juin. »

De fait, au mois d'avril 2021, les vaccinodromes tournent à plein régime. Le gouvernement entend tenir les objectifs annoncés un peu rapidement par le Premier ministre.

Le 25 mars, le Rhône, la Nièvre et l'Aube s'ajoutent aux 16 départements soumis depuis quelques jours aux nouvelles mesures de « confinement » annonce le ministre de la Santé. Et plusieurs autres, dont la Meuse sont placés en vigilance renforcée.

Le pic de la troisième vague est attendu pour le 18 avril 2021, selon les projections mathématiques de l'IHME, Institute for Health Metrics and

Evaluation[41], où l'on pourrait enregistrer plus de 600 morts par jour dans les hôpitaux saturés !

Le 31 mars, à l'issue d'un Conseil de Défense, le président de la République appelle les Français à un effort supplémentaire pour garder le contrôle de l'épidémie. Dans son « adresse aux Français », il énonce des restrictions supplémentaires « pour continuer à protéger la vie ». Ainsi, les mesures de vigilance renforcée en vigueur dans 19 départements (fermeture de certains commerces, déplacements limités à 10 km de son domicile) sont-elles étendues à l'ensemble du territoire métropolitain pour quatre semaines, à compter du samedi 2 avril. Les Français qui souhaitent s'isoler peuvent le faire durant ce week-end, les sanctions seront renforcées pour limiter les rassemblements.

La mesure la plus radicale concerne la fermeture des crèches, écoles, collèges et lycées pendant trois semaines. C'est, dit-il, « le choix de la responsabilité ». Les vacances scolaires de printemps sont unifiées sur tout le territoire français à partir du 12 avril pour freiner l'épidémie de COVID-19. La semaine du 5 au 12 avril, « les cours pour les écoles, collèges et lycées se feront à la maison », précise le chef de l'Etat. Sauf « pour les enfants des soignants et de quelques autres professions, de même que les enfants en situation de handicap ». Elle sera suivie par deux semaines de vacances à partir du 12 avril, pour toutes les zones, avant une rentrée le 26 avril en physique pour les écoles et en distanciel pour les collèges et lycées qui, eux, rouvriront leurs portes le 3 mai.

Conscient de l'impatience des Français à retrouver enfin une vie normale, Emmanuel Macron ponctue son allocution d'une note d'espoir : « Dès la mi-mai, nous recommencerons à ouvrir en respectant certaines règles strictes, dit-il. Nous autoriserons, sous conditions, l'ouverture de terrasses et nous allons bâtir, entre la mi-mai et le début de l'été, un calendrier de

[41] https://www.healthdata.org/

réouverture progressive pour la culture, le sport loisir, l'événementiel, nos cafés et restaurants ». D'ici-là, les dispositifs d'aides aux entreprises et aux salariés seront prolongés.

Quant à la vaccination, il faut aller plus vite. Elle sera élargie et étendue d'abord aux plus anciens et, de proche en proche aux plus jeunes.

De sorte que « d'ici la fin de l'été, tous les Français de plus de 18 ans qui le souhaitent pourront être vaccinés », assure Emmanuel Macron.

Car la pandémie est loin d'être terminée.

Après les États-Unis et l'Inde, le Brésil (213 millions d'habitants) est le troisième pays le plus touché par la COVID-19 : 13,5 millions de personnes y sont infectées et 355.000 sont décédées depuis le début l'épidémie dont 66.000 en un seul mois !

En cause, le variant « brésilien » (il y en aurait désormais une centaine) baptisé P1, particulièrement virulent, qui sème la mort dans le pays et inquiète toute la planète. Selon la revue médicale MedRxiv[42] ce variant serait 2,5 fois plus contagieux que la souche originelle.

Plus résistant aux vaccins, il touche aussi les populations âgées de moins de 40 ans. D'où la crainte de voir arriver ce variant brésilien en Europe et spécialement sur le sol français. Au point que le Premier ministre, Jean Castex, a décidé d'interdire « jusqu'à nouvel ordre » les liaisons aériennes entre le Brésil et la France. Car chaque jour, ce sont environ 50 personnes qui atterrissent dans les aéroports parisiens.

Pourtant, ces mesures restent largement insuffisantes si l'on veut éviter une quatrième vague plus forte et plus meurtrière que les trois précédentes.

---

[42] https://www.medrxiv.org/content/10.1101/2021.02.26.21252554v1

Le Brésil est l'un des partenaires économiques importants de la France et son 36ème fournisseur. Si la France exporte vers le Brésil des médicaments et des produits pharmaceutiques (13%), de la chimie pour l'agriculture et des aéronefs, elle importe du minerai de fer, du pétrole (et ses dérivés) mais aussi des produits de l'agriculture (les farines de soja et autres aliments pour le bétail représentent 28% du total des importations françaises) et des volailles.

Or on sait bien que les virus se transmettent par contact entre les individus (hygiène des mains), par les surfaces et par les aliments[43]. L'épidémie s'est développée à grande vitesse dans les abattoirs et sur les marchés des grandes capitales. Le coronavirus a été détecté en Chine sur du poulet brésilien, sur des emballages de crevettes ou encore des crèmes glacées[44] .

Or, le Brésil est l'un des principaux producteurs de volailles au monde. Il exporte plus de 350.000 tonnes de poulet vers l'Europe dont 162.000 en France. Pourtant, les conditions de production sont régulièrement dénoncées par les ONG ou associations comme L 214[45], vidéos à l'appui .

Il y a donc de quoi s'inquiéter. Faut-il encore acheter des produits alimentaires dans les pays où le virus est particulièrement virulent ou faut-il leur opposer le principe de précaution en attendant des jours meilleurs (d'un point de vue sanitaire) ?

La réponse appartient aux autorités sanitaires et politiques de la France et de l'Europe.

Rappelons que l'épidémie a touché 5,4 millions de personnes en France dont 101.500 sont décédées (à la date du 21 avril 21).

---

[43] https://www.medrxiv.org/content/10.1101/2021.02.26.21252554v1

[44] https://www.tf1info.fr/international/coronavirus-des-traces-presentes-sur-du-poulet-bresilien-importe-en-chine-2161591.html

[45] https://www.l214.com/communications/20200709-enquete-poulets-bresil-domino-s-pizza/

Désormais, même si le virus et ses variants restent actifs et contaminent toujours des personnes de tous âges, l'épidémie se stabilise ou régresse dans toutes les régions de l'Hexagone.

Voilà pourquoi le déconfinement progressif est envisagé : réouverture des écoles le 26 avril, la fin de la limite des restrictions de mobilité de 10 km le 2 mai, réouverture des terrasses le 16 mai.

Sur la chaine américaine CBS, Emmanuel Macron évoque la possibilité de voyager pour ceux qui sont vaccinés. La réouverture des restaurants et des lieux culturels se fera progressivement et sans doute par territoires à l'avant-veille des vacances.

Cependant, pour voyager en Europe il faut prendre quelques dispositions puisque le Pass sanitaire est quasiment obligatoire.

Si vous avez décidé de voyager dans un autre pays de l'UE vous n'y échapperez pas : le pass sanitaire européen appelé « certificat COVID numérique européen » s'applique dès le 1er juillet 2021. Il permettra de prouver son immunité à la COVID-19 et de faciliter vos déplacements au sein de l'UE.

Comment l'obtenir ? Comment fonctionne-t-il ?
Est-il obligatoire pour voyager ou aller au restaurant dans l'UE ?

Le Centre Européen des Consommateurs France répond à toutes ces questions.

**À quoi sert le pass sanitaire européen ?**

Le pass sanitaire européen sert à prouver soit votre vaccination, soit que vous n'êtes pas porteur de la COVID-19 grâce aux résultats négatifs d'un test PCR ou antigénique, soit que vous avez récemment guéri de la maladie grâce, par exemple, à un test positif de plus de 15 jours et de moins de 6 mois.

**Comment fonctionne le certificat COVID numérique de l'UE ?**

Le certificat COVID numérique européen est délivré gratuitement dans chaque pays sous forme numérique ou papier. Il comprend un QR code avec une signature numérique infalsifiable d'un organisme de délivrance (hôpital, centre de vaccination, centre de test…). Toutes ces données sont stockées dans une base de données sécurisée dans chaque pays. Depuis le 1er juin, la Commission européenne a mis en place un portail, le service passerelle, qui vérifie toutes les signatures des certificats dans l'ensemble de l'UE. A l'entrée dans un pays de l'UE, votre QR code sera scanné sur un appareil relié au service passerelle et la signature sera vérifiée. Vos données personnelles ne seront pas transmises au service passerelle, seule la signature sera vérifiée.

**Comment obtenir un pass sanitaire en France ?**

On peut obtenir un pass sanitaire en format numérique en intégrant les preuves de votre vaccination, de votre test PCR ou antigénique négatif (moins de 72h pour voyager, moins de 48h pour assister en France à un événement), ou de votre guérison récente de la COVID-19 dans l'application TousAntiCOVID Carnet. Si vous préférez le format papier, il suffit de présenter les différents documents demandés lors de vos déplacements. Vous pouvez également accéder à votre fiche certifiée via votre compte Ameli[46] (notamment si vous avez été vacciné avant le 3 mai) et l'imprimer pour voyager si vous souhaitez.

**Le pass sanitaire est-il obligatoire pour voyager en Europe ?**

Ce certificat n'est pas une condition sine qua non pour pouvoir voyager dans l'UE. Il n'y aura pas de contrôles systématiques aux frontières, le pass sanitaire ou la preuve de votre immunité sera surtout exigé pour les voyages en avion.

---

[46] https://attestation-vaccin.ameli.fr/

Il vous permettra d'éviter par exemple les quarantaines à l'arrivée. Sans ce certificat, vous pourrez toujours vous déplacer hors de nos frontières mais en respectant les conditions d'entrée fixées par chaque pays de l'UE.

Un pass sanitaire sera-t-il exigé pour aller au restaurant ou dans un événement culturel en Europe ?

Le pass sanitaire européen a été principalement pensé pour faciliter les déplacements dans l'UE, mais chaque pays est libre d'exiger une preuve de votre immunité à la COVID-19 à d'autres moments que votre entrée sur son territoire.

Donc avant de vous rendre au restaurant en Italie ou à un festival de musique au Portugal, renseignez-vous sur les exigences demandées.

Et assurez-vous de disposer d'une version papier de votre preuve d'immunité, rédigée en français et en anglais, car rien ne garantit que les restaurateurs ou les organisateurs d'événements seront équipés d'un lecteur de QR code connecté au service passerelle.

Le pass sanitaire « à la française » comprend deux dispositifs : un pass sanitaire « activités » qui permet de prouver son immunité dans les lieux, en France, soumis à un protocole sanitaire strict (ex : festival avec plus de 1000 personnes…) et un pass sanitaire « frontières » qui répond aux exigences du pass sanitaire européen et permet de faciliter vos déplacements dans l'UE.

**Dans quels pays le certificat européen COVID pourra-t-il être utilisé ?**

Le certificat pourra être utilisé dans tous les États membres de l'UE, mais également dans quatre pays hors UE, membres de l'espace Schengen : l'Islande, le Liechtenstein, la Norvège et la Suisse. Il sera appliqué dès le 1er juillet, mais dans certains pays, il ne rentrera en service que 6 semaines plus tard, soit le 12 août.

**Quelles sont les règles si je voyage d'un pays à un autre ?**

Pour coordonner les mesures restrictives qui pourraient être mises en place à l'entrée de certains États membres, les 27 pays de l'UE se sont mis d'accord sur un code couleurs (vert, orange, rouge, rouge foncé, selon le taux de positivité, le nombre de tests réalisés et le nombre de cas positif pour 100 000 habitants) et une cartographie du risque de transmission de la COVID-19 publiée chaque semaine[47]. Si vous êtes vacciné(e) contre la COVID-19 ou rétabli(e) et en possession d'un certificat européen COVID, vous êtes en principe exempté de test ou de quarantaine, peu importe la couleur de la zone d'où vous venez.

Si vous n'êtes pas complètement vacciné(e) ou rétabli(e), vous pourriez être restreint dans vos déplacements, selon la couleur de la zone d'où vous venez :

• Vous arrivez d'une zone verte : aucune restriction.

• Vous arrivez d'une zone orange : vous devrez présenter un test négatif ou le subir à l'arrivée.

• Vous arrivez d'une zone rouge : vous devrez présenter un test négatif ou à défaut, respecter une quarantaine jusqu'au résultat négatif à un test de dépistage après l'arrivée.

• Vous arrivez d'une zone rouge foncé : vous devrez présenter un test négatif et respecter une quarantaine à l'arrivée.

Certains voyageurs sont dispensés de tests ou de quarantaine lorsqu'ils remplissent une fonction ou un besoin essentiel : professionnels de santé, travailleurs frontaliers, étudiants à l'étranger, passagers en transit, diplomates, journalistes...

---

[47] https://www.ecdc.europa.eu/en/COVID-19/country-overviews

Il est possible de vérifier jusqu'à la veille de son voyage la couleur du pays de départ et d'arrivée sur le site du Centre européen de prévention et de contrôle des maladies[48].

Tous les pays européens ont pris des mesures strictes pour se protéger du virus. Certes, on peut encore de voyager en Europe pendant la pandémie de COVID-19, mais sous le régime de la liberté étroitement surveillée. Avec toutes les conséquences économiques, administratives et sociales que cela implique.

L'Europe vit au ralenti. Il devient urgent de sortir de cette situation sanitaire paralysante et d'éradiquer enfin ce virus mortifère. Mais le salut peut-il vraiment venir des vaccins, alors que les effets secondaires de plus en plus inquiétants jettent le trouble parmi la population ?

---

[48] https://www.ecdc.europa.eu/en/COVID-19/country-overviews

# Chapitre 4

## Premiers doutes sur l'efficacité et l'innocuité des vaccins

Les vaccinodromes tournent à plein régime en ces mois d'avril, mai et juin 2021 malgré les alertes répétées des scientifiques sur les effets secondaires potentiels des vaccins.

Le 10 avril 2021, sous le titre : « Vaccins, les effets secondaires explosent en Touraine[49] » infodujour.fr annonce que le Centre régional de pharmacovigilance de Tours a été inondé de signalements d'effets indésirables après l'injection du vaccin AstraZeneca.

A cette date, quatre vaccins sont autorisés en France : ceux de Pfizer–BioNTech, Moderna, AstraZeneca (désormais appelé Vaxzevria) et Johnson&Johnson, qui devrait être livré à partir du 19 avril. Selon l'Agence nationale de sécurité du médicament et des produits de santé (ANSM), plus de 10 millions d'injections ont été réalisées au 1er avril 2021 dont plus de 1,9 million de doses de Vaxzevria (AstraZeneca).

Mais les vaccins peuvent avoir des effets inattendus. Par exemple, l'Agence européenne des médicaments[50] (EMA) confirme le lien entre le vaccin AstraZeneca et de « rares cas de thrombose » tout en indiquant que la balance bénéfices / risques penchait toujours du côté des bénéfices.

Les 31 centres régionaux de pharmacovigilance[51] (CRPV) collectent les effets indésirables de chacun des vaccins depuis le début de la vaccination.

---

[49] https://infodujour.fr/societe/48147-vaccins-les-effets-secondaires-explosent-en-touraine

[50] https://european-union.europa.eu/index_fr

[51] https://www.rfcrpv.fr/

Or, fin mars-début avril, le CRPV de Tours[52] est submergé par un afflux de signalements comme le révèlent nos confrères de France3 Centre-Val-de-Loire[53], le 7 avril 2021.

« Fin mars, en 3 mois, on a fait l'activité de toute l'année 2020 en volumétrie, à peu près 1400 signalements dont une grosse proportion de vaccins, jusqu'à 200 par semaine et un pic du 15 au 21 mars avec plus de 200 » explique le Dr Annie-Pierre Jonville-Baré, responsable du CRPV de Tours et présidente du réseau national des CRPV.

« Il y a eu très peu de Moderna dans la région et avec Pfizer pas beaucoup d'alertes puisque, plus les gens sont jeunes, plus ils font des effets réactogènes – c'est-à-dire la fièvre, des douleurs musculaires qui durent 24 ou 48 heures – comme au début on a vacciné les personnes âgées dans les maisons de retraite ces effets, pas graves et très transitoires, on ne les a quasiment pas vus.

On s'attendait à cette augmentation de signalements avec le vaccin AstraZeneca mais pas à ce point. »

La responsable du CRPV ajoute : « On communique beaucoup pour demander aux patients de ne pas tout déclarer et l'ARS fait la même chose au niveau des médecins, la volumétrie a baissé mais la situation reste tendue. »

Ainsi, il a été demandé de ne plus signaler tous les effets secondaires pour que le centre régional de pharmacovigilance puisse se concentrer sur les signalements graves, comme les thromboses et autres effets indésirables « très rares » du vaccin AstraZeneca.

---

[52] http://www.pharmacovigilance-tours.fr/accueil.html

[53] https://france3-regions.francetvinfo.fr/centre-val-de-loire/indre-loire/tours/centre-regional-de-pharmacovigilance-de-tours-afflux-de-signalements-sur-les-effets-secondaires-des-vaccins-anti-COVID-2034931.html

La situation est inquiétante au point que la Haute autorité de santé (HAS) recommande de vacciner avec une deuxième dose différente les plus de 530.000 personnes qui ont reçu une première injection d'AstraZeneca ! C'est le cas, entre autres, pour 60.000 Mosellans.

Il faut rassurer les gens affirme le Dr Annie-Pierre Jonville-Baré. Il faut plutôt qu'ils voient ça comme un message rassurant plutôt qu'angoissant. »

**Il fait quand même un peu peur ce vaccin...**

Loin de rassurer, ces vaccins anti-COVID inquiètent de plus en plus. Car chacun peut constater dans son entourage des cas parfois graves d'effets secondaires. Le 25 mai 2021, infodujour.fr pose la question « Faut-il se méfier des vaccins ?[54] »

Autrement dit, les vaccins contre la COVID-19 sont-ils si inoffensifs qu'on nous le dit ? Plus le temps passe, plus on vaccine (1,6 milliard de doses administrées au 24 mai 2021 dans le monde, 22,9 millions en France) et plus on constate que les vaccins ont des effets secondaires. Parfois mortels. Thromboses, AVC, allergies, céphalées, douleurs...

Autant d'effets indésirables qui n'incitent pas les plus sceptiques à se faire vacciner, quel que soit d'ailleurs le vaccin. Il faut dire que « les experts » auto-proclamés qui, depuis un an et demi, se sont succédé sur les plateaux de télé pour nous dire tout et son contraire sur ce virus, n'invitent pas les Français à se faire une opinion éclairée sur le sujet.

Dans ce contexte de suspicion généralisée, le célèbre Pr Didier Raoult de l'IHU de Marseille lâche une véritable bombe sur les plateaux télé. Il affirme que, chez certains patients, le vaccin pourrait lui-même provoquer... la COVID-19 !

---

[54] https://infodujour.fr/societe/49458-COVID-faut-il-se-mefier-des-vaccins

Voici précisément ce qu'il dit : « Nous avons maintenant un nombre de gens qui est significatif, on a 46 patients qui ont fait un COVID dans la semaine qui a suivi l'injection (...) C'est très frappant (...) Est-ce que c'étaient des porteurs asymptomatiques chez qui la vaccination a déclenché une réaction qui fait qu'ils sont devenus symptomatiques ? C'est une vraie question ».

Une question, en effet, que les scientifiques de tous bords (les mêmes sans doute que l'on voit à la télé) rejettent d'un revers de main.

Or, comme nous l'avons déjà dit, dès le mois de décembre 2020, Jean-Marc Sabatier, révélait une découverte fondamentale qu'il a faite quelques mois plus tôt avec des virologues de Wuhan (Chine) en mars 2020 (publiée en avril) : « des maladies COVID-19-like apparaissent lors du dysfonctionnement d'un système hormonal/physiologique ubiquitaire dans le corps humain, appelé système rénine-angiotensine SRA, et ceci même en l'absence du virus SARS-CoV-2 ».

L'article (voir plus haut) est certes un peu technique mais l'auteur y explique très bien que des maladies dites « COVID-19-like » (de type COVID) peuvent survenir même en l'absence de virus, lorsque le SRA s'est emballé et fonctionne trop fort. Dit autrement, les constatations du Pr Raoult n'ont rien de saugrenu. Bien au contraire.

**L'ARNm code pour la protéine S**

La recherche s'intensifie sur les effets délétères des vaccins. Dès l'apparition de la COVID-19, en décembre 2019, les laboratoires pharmaceutiques du monde entier se sont lancés dans la recherche de vaccins pour enrayer la crise sanitaire. Le premier vaccin enregistré a été celui du labo Pfizer/BioNTech, baptisé BNT162b2. A base d'ARN messager, il est efficace, affirme le labo, jusqu'à 95% dans la prévention des infections par le SARS-CoV-2 à l'origine des maladies COVID-19.

Ce vaccin est basé sur un ARNm (cet ARNm a été modifié par rapport à un ARNm naturel, afin de le rendre plus stable), qui code pour la protéine S (spike) légèrement modifiée, de la souche SARS-CoV-2 isolée au début de la pandémie à Wuhan, en Chine. Le vaccin a été formulé à l'aide de nanoparticules lipidiques.

La protéine spike est la principale structure moléculaire utilisée par le virus pour infecter les cellules hôtes, et son domaine de liaison aux récepteurs (RBD) cellulaires est une cible principale des anticorps neutralisants après une infection naturelle ou une vaccination.

Si le vaccin BNT162b2 apporte de larges réponses humorales (anticorps) et cellulaires qui protègent contre la COVID-19, de nombreuses questions restent en suspens, notamment vis-à-vis de l'apparition de nouveaux variants du virus.

Dans une étude soumise à publication dans un journal spécialisé (pré-publiée sur le site scientifique Medrxiv[55]), des chercheurs néerlandais et allemands expliquent que ce vaccin induit une reprogrammation complexe de la réponse immunitaire innée qui devrait être prise en compte dans le développement et l'utilisation de vaccins à base d'ARNm.

D'autant qu'il reste un domaine inexploré : celui de savoir si le vaccin BNT162b2 a des effets à long terme sur la réponse immunitaire innée.

En effet « cela pourrait être très pertinent dans le cas de la COVID-19, pour lequel une inflammation dérégulée joue un rôle important dans la pathogenèse et la gravité de la maladie », écrivent les chercheurs.

« De multiples études ont montré que la réponse immunitaire innée pouvait être altérée/affectée après la prise de certains vaccins ou à la suite d'infections

---

[55] https://www.medrxiv.org/content/10.1101/2021.05.03.21256520v1

microbiennes. Ainsi, une altération de l'immunité innée (et de la tolérance immunitaire associée) pourrait conduire au développement de maladies auto-immunes. »

Les chercheurs ont montré qu'une dose du vaccin BNT162b2 induit des concentrations élevées d'anticorps anti-spike et anti-spike RBD, tandis qu'une seconde dose (trois semaines plus tard) induit des niveaux d'anticorps encore plus élevés.

Les résultats des chercheurs démontrent que le BNT162b2 « induit une reprogrammation de la réponse immunitaire innée, ce qui doit être prise en compte. »

Ils affirment qu'en combinaison avec une forte réponse immunitaire adaptative, la reprogrammation de la réponse innée pourrait soit contribuer à une réaction inflammatoire plus équilibrée à l'infection par le SARS-CoV-2, soit affaiblir la réponse immunitaire innée.

L'effet de la vaccination avec BNT162b2 sur la réponse immunitaire innée de l'hôte injecté pourrait également interférer avec les réponses immunitaires lors d'autres vaccinations, ajoute l'équipe.

**La vitamine D avant et après**

Selon Jean-Marc Sabatier, « la protéine spike vaccinale peut induire per se (seule, en absence de virus SARS-CoV-2) une suractivation (= dysfonctionnement) du système rénine-angiotensine (SRA), comme le fait le SARS-CoV-2. Le SRA contrôlant l'immunité innée, son dysfonctionnement peut potentiellement conduire à l'apparition de maladies auto-immunes. »

Les médecins notent également une explosion de cas de diabète de type 2 (dus à une intolérance au glucose). Ceci était annoncé dès le mois d'avril 2020 par la suractivation du SRA induite par le SARS-CoV-2.

« La prise de vitamine D permet de contre-carrer l'apparition du diabètede type 2 car elle freine la suractivation du SRA », insiste Jean-Marc Sabatier.

Les personnes doivent ainsi se supplémenter en vitamine D, avant et après la vaccination contre le SARS-CoV-2, car la vitamine D agit comme un régulateur négatif du SRA. Ainsi la vitamine D (Cholecalciférol) s'oppose à la suractivation du SRA, et à un dérèglement possible de l'immunité innée induit par la vaccination. En parallèle, la supplémentation en vitamine D conduit à une vaccination efficace car elle permet un fonctionnement optimal du système immunitaire (immunités innée et adaptative).

En effet, depuis son apparition, la pandémie provoquée par le coronavirus SARS-CoV-2 déroute médecins et scientifiques. Ils ne parviennent pas à expliquer la variabilité des profils cliniques : une « grippette » pour les uns, des COVID longs et sévères pour d'autres, et un grand nombre de décès dans le monde.

Les vaccins proposés -voire imposés- à la population ne sont pas sans risques. Ils ont des effets secondaires jusqu'ici mal compris.

Un médecin américain très connu, Tom Frieden, ancien directeur de l'agence américaine CDC (Centers for Disease Control and Prevention) affirme même qu'il est « impossible de contracter la COVID à la suite d'une vaccination car, dit-il, les vaccins ne contiennent aucun virus vivant à l'origine de la COVID Les vaccins apprennent à votre corps à reconnaître et à combattre le virus, puis disparaissent, comme un message Snapchat. »

C'est inexact lui répond Jean-Marc Sabatier. Avec la vaccination, on peut voir l'apparition chez les primo-vaccinés (et vaccinés de pathologies « COVID-19-like » (de type COVID-19), dont certaines peuvent être mortelles (comme des thromboses). En cause : la protéine « spike » (protéine S) vaccinale apparaît capable de reconnaître sa cible, le récepteur ECA2 (enzyme de conversion de l'angiotensine 2), et d'activer le système rénine-angiotensine (SRA), ce qui constitue un dysfonctionnement.

Dans le cas d'une primo-vaccination de porteurs asymptomatiques du SARS-CoV-2 (PCR+), cela peut conduire à une suractivation additionnelle du SRA et à l'apparition des symptômes de type COVID-19. Autrement dit, le patient est déjà infecté par le virus mais sans symptômes cliniques qui ne vont apparaître qu'à la suite de l'injection du vaccin (première injection). Cela « aggrave » la suractivation du SRA.

Dans le cas d'une primo-vaccination/vaccination d'individus non infectés par le SARS-CoV-2 (PCR–), la protéine « spike » vaccinale peut suractiver le SRA et faire apparaître des symptômes et maladies COVID-19. Cette suractivation du SRA est particulièrement puissante et délétère chez les personnes présentant une insuffisance (10-30 ng de calcidiol par ml de plasma) ou, pire, une carence en vitamine D (inférieure à 10 ng de calcidiol par ml de plasma). Le calcidiol (25-hydroxy-vitamine D) est la forme modifiée circulante de la vitamine D dans le sang.

Avec la vaccination, on note chez les primo-vaccinés/vaccinés une augmentation parfois importante de pathologies humaines spécifiques (inflammatoires ou non inflammatoires) ou de pathologies préexistantes plus sévères, à savoir des pathologies rénales, pulmonaires, cardio-vasculaires (hypertension artérielle, thrombose, myocardite, arythmie cardiaque, AVC, etc.), diabète de type 2 et prédiabète dus à une intolérance au glucose induite par le dysfonctionnement du SRA, ou liées à l'auto-immunité (sclérose-en-plaques, polyarthrite rhumatoïde, hémophilie acquise, etc.). Ces pathologies auto-immunes naissantes et/ou plus sévères proviennent du SRA suractivé (dysfonctionnel), car celui-ci contrôle l'immunité innée et la reconnaissance des molécules du « soi » et du « non-soi » à l'origine des maladies auto-immunes.

Très peu de temps après l'apparition de la pandémie, Jean-Marc Sabatier et son équipe ont présenté un « puzzle » assemblé à la communauté scientifique à l'heure où les chercheurs du monde entier commençaient seulement à rechercher les pièces de « puzzle » à assembler…

Parallèlement, il a proposé avec ses collaborateurs (les docteurs Faucon, Annweiler, Kovacic, Mouhat et les directeurs du laboratoire de virologie de Wuhan en Chine, les Professeurs Cao et Wu) un traitement potentiel de la COVID-19 basé sur des molécules naturelles impliquées dans le régulation négative (= freins) du SRA.

Ces propositions sont restées à ce jour sans écho…

Avec le recul, ce mode d'action du virus sur le SRA humain s'avère être parfaitement exact, au regard des nombreuses études expérimentales réalisées par les équipes de recherche de tous pays depuis plus d'un an et demi.

De plus, ce mode d'action est tout à fait inattendu et inédit, le SRA étant le « vrai » responsable des symptômes et maladies COVID-19, et non le virus SARS-CoV-2 lui-même.

Le Dr Sabatier rapporte ici les raisons pour lesquelles nous serions ou non prédisposés à faire une COVID-19 grave. Il explique d'où provient la grande variabilité (jusqu'ici inexpliquée) des profils cliniques observés chez les patients infectés par le SARS-CoV-2 et présentant des symptômes/maladies COVID-19.

**Les acteurs majeurs**

Rappelons que le SRA est un système hormonal/physiologique de première importance chez les mammifères.

Il est présent dans les poumons, les reins, le foie, les intestins, le pancréas, la rate, les glandes surrénales, le cœur, le cerveau, les testicules, la prostate, le pénis, les ovaires, l'utérus, les vaisseaux sanguins, la peau, les yeux, le système auditif, ainsi que sur les cellules de l'immunité « innée » (monocytes circulants, macrophages, cellules dendritiques/cellules présentatrices d'antigènes, granulocytes, mastocytes, cellules Natural Killer (NK).

Le SRA contrôle les fonctions autonomes rénales, pulmonaires et cardio-vasculaires (respiration, battements cardiaques, etc.), ainsi que l'immunité « innée » (qui correspond à la réponse immunitaire non spécifique « immédiate » aux agents pathogènes) et les microbiotes (intestinal, buccal, vaginal,...).

Pour comprendre, il faut savoir que le SRA comporte des « acteurs » majeurs qui sont des molécules circulantes (exemple : l'angiotensine 2) et des récepteurs (exemples : ECA, ECA2, AT1R, MasR, AT2R, AT4R et MRGD) qui marchent de concert. Chacun de ces récepteurs existe sous plusieurs formes proches (« variants ») grâce à un polymorphisme génétique (et à des modifications structurales naturelles possibles : ajout de sucres et ou groupements phosphate, ou autres).

Ainsi, il existe plusieurs variants/types d'un « même » récepteur ECA2 ou AT1R, etc. Cette variabilité moléculaire des divers « acteurs » du SRA implique l'existence de multiples SRA plus ou moins proches mais pas identiques, et présentant, de fait, différentes propriétés et caractéristiques fonctionnelles.

Ces SRA nombreux et variés (avec des « variantes » locales en fonction des organes et tissus concernés), propres aux personnes (homme/femme/enfant) et origines ethniques, vont répondre des différences observées chez les individus infectés par le SARS-CoV-2. Ce sont ces différences au niveau du SRA qui vont prédisposer une personne à évoluer vers la COVID-19 grave, avec une ou plusieurs maladie(s) spécifique(s) associée(s). Par exemple, tel variant du récepteur AT1R conduira préférentiellement à telle pathologie cardio-vasculaire ou rénale, etc.

Ceci explique également (au niveau moléculaire) comment le SRA varie pour une même personne au cours de la vie, de la naissance à la mort. Cela apporte des réponses sur le fait que les enfants sont plus résistants au SARS-CoV-2 que les adultes, et que les femmes sont aussi moins sensibles que les hommes au virus (le récepteur ECA2 du SRA est porté par le chromosome sexuel X), tout en développant des formes plus graves de COVID-19 lors d'une infection virale, voire (dans certains cas) d'une vaccination.

A cela s'ajoute le statut en vitamine D de la personne, qui est crucial dans l'évolution et la gravité de la COVID-19.

En effet, il est important de rappeler que la vitamine D est un frein des divers SRA qui permet d'éviter une évolution vers les formes graves de la COVID-19. La vitamine D est également le « carburant » des cellules, dont les cellules du système immunitaire.

**Le gène HLA B27**

Le SARS-CoV-2 préfèrerait-il les porteurs du gène HLA B27 ? C'est une autre découverte de Jean-Marc Sabatier.

Les chercheurs constatent la grande variabilité des profils cliniques de la COVID-19. Cette bizarrerie est peut-être due à nos gènes qui constituent l'unité de base de notre hérédité. Les gènes sont responsables de notre aspect physique, du fonctionnement de nos cellules, mais aussi de notre vulnérabilité à certaines maladies. Dans les cellules humaines, les gènes sont situés sur des loci, à des endroits bien précis des chromosomes qui, eux, sont localisés au cœur de nos cellules, le noyau.

Infodujour.fr a évoqué cette étude selon laquelle un fragment d'ADN hérité de Néandertal[56] multiplie le risque d'une forme sévère de la COVID-19.

Aujourd'hui, Jean-Marc Sabatier explique que la présence du gène HLA B27 situé sur le chromosome 6 humain, est associée à un certain nombre de maladies auto-immunes.

---

[[56]] https://infodujour.fr/societe/49865-COVID-severe-la-faute-aux-hommes-de-neandertal

Cela signifie qu'un individu porteur de ce gène a plus de risques que d'autres de développer ces maladies auto-immunes : maladies inflammatoires chroniques de l'intestin (maladie de Crohn), polyarthrite rhumatoïde, psoriasis, scléroses-en-plaques… Le gène a été également associé à des maladies du cœur (myocardite) et des poumons (fibrose), ainsi que divers dérèglements cardio-vasculaires et inflammatoires. Ce gène HLA B27 va jouer un rôle-clé dans les mécanismes de reconnaissance du système immunitaire, ajoute le scientifique. Si ce gène prédispose à certaines maladies auto-immunes, il est connu aussi comme étant protecteur des virus VIH et de l'hépatite C.

Les maladies auto-immunes sont notamment pilotées par le SRA (système rénine-angiotensine) impliqué également dans la symptomatologie et les maladies COVID-19.

Ce gène HLA B27 est présent de 6 à 8% chez les caucasiens/européens, de 4 à 5 % en Afrique du Nord, mais de 1% seulement pour le reste de l'Afrique, de 2 à 9 % chez les Chinois et de 0,1 à 0,5 % chez les Japonais. Or, le Japon a une population d'environ 126 millions de personnes, sensiblement le double de celle de la France. Elle a eu 14 fois moins de cas de la COVID-19 et 14 fois moins de décès. On compte en effet 116 morts par million d'habitants au Japon contre 1664 morts/ million d'habitants en France.

Le gène HLA B27 semble donc jouer un rôle majeur dans la susceptibilité au SARS-CoV-2 et le développement de maladies COVID-19 chez les personnes qui en sont porteuses.

Il est regrettable que la communauté scientifique n'ait pas compris, ou n'ait pas voulu prendre en compte les travaux décrits très tôt par Jean-Marc Sabatier. La compréhension de ces mécanismes biologiques aurait sans doute permis de réorienter utilement la recherche et d'éviter des souffrances voire décès inutiles.

# Chapitre 5

## Les animaux malades de la COVID-19

Dès le début de la pandémie de la COVID-19, on a soupçonné plusieurs animaux sauvages d'avoir transmis le coronavirus SARS-CoV-2 à l'homme. La chauve-souris d'abord, le pangolin ensuite. Ce que contestent certains scientifiques pour qui le SARS-CoV-2 n'est qu'un produit de laboratoire.

Quoi qu'il en soit, le coronavirus apparu pour la première fois en Chine en novembre 2019, s'est répandu à la vitesse des jumbo-jets sur tous les continents. Trois ans après son identification du côté de Wuhan, les dégâts sont considérables : plus de 6,6 millions de morts dans le monde.

Les hommes ne sont pas les seuls à être infectés par ce nouveau virus. Les animaux aussi. Qu'il s'agisse des animaux de compagnie, d'élevage ou sauvages.

Il existe des similitudes entre la COVID-19 induite par le SARS-CoV-2 et une maladie virale des chats, la péritonite infectieuse féline (PIF) comme nous allons le voir un peu plus loin.

Très tôt, la presse a relaté qu'un élevage de visons[57] était infecté par le SARS-CoV-2. « Au Danemark, les premiers cas de SARS-CoV-2 chez des visons ont été rapportés en juin 2020. Depuis, 214 personnes ont été infectées par des variants du SARS-CoV-2 associés à des visons d'élevage, dont douze avec un variant unique » écrit le journal Le Monde. Les animaux ont été abattus.

---

[57] https://www.lemonde.fr/blog/realitesbiomedicales/2020/11/13/visons-furets-chats-les-animaux-infectes-par-le-sars-cov-2-representent-ils-un-risque-pour-letre-humain/

Selon l'OMS, « six pays, à savoir le Danemark, les Pays-Bas, l'Espagne, la Suède, l'Italie, les États-Unis, ont rapporté la présence du SARS-CoV-2 chez des visons ».

Depuis l'affaire des visons, d'autres animaux ont été contaminés par le SARS-CoV-2. En mai 2021, le SARS-CoV-2 a été détecté chez neuf lions asiatiques au zoo Tamil Nadu, en Inde[58]. L'analyse séquentielle et phylogénétique a montré que les virus SARS-CoV-2 appartiennent à un variant préoccupant (VOC, variant delta, lignée B.1.617.2) et que ces virus sont regroupés avec les virus de la lignée B.1.617.2 de la même région géographique détectés le même mois.

Deux hyènes du zoo de Denver aux États-Unis[59], âgées de 22 et 23 ans, ont été testées positives à la COVID-19. Il s'agit d'une première mondiale pour cette espèce. En plus des deux hyènes, onze lions et deux tigres du zoo ont été testés positifs. Des gorilles ont été testés positifs dans un zoo de San Diego (USA).

Pourtant, l'un des plus grands réservoirs de SARS-CoV-2, pourrait bien se trouver chez les cervidés. Une étude américaine rapporte que plus de 80 % des cerfs[60], testés entre décembre 2020 et janvier 2021 dans plusieurs régions de l'État de l'Iowa, sont positifs.

Mais une autre étude, menée plus tôt, a démontré aussi que 40% des cervidés vivant à l'état sauvage présentent des anticorps[61].

---

[58] https://www.biorxiv.org/content/10.1101/2021.07.02.450663v1

[59] https://www.cnews.fr/science/2021-11-06/des-hyenes-positives-au-COVID-19-une-premiere-inquietante-1146308

[60] https://www.lemonde.fr/blog/realitesbiomedicales/2021/11/07/etats-unis-diffusion-massive-du-sars-cov-2-parmi-les-cerfs-potentiel-reservoir-du-coronavirus/

[61] https://www.nationalgeographic.fr/animaux/2021/08/COVID-19-des-anticorps-ont-ete-detectes-chez-des-cerfs-sauvages

Les scientifiques ignorent pour l'instant si les animaux ont contracté le coronavirus au contact de l'homme ou s'ils l'ont contracté dans la nature (eaux usées, nourriture donnée par les humains).

Pourtant, jusqu'à preuve du contraire, il semblerait que les animaux ne peuvent pas transmettre la maladie aux hommes.

Il y a donc urgence à mettre en place un système de surveillance continue des différentes espèces pour éviter qu'elles ne constituent un réservoir permanent de coronavirus. À défaut de leur imposer le masque et les gestes barrière.

**Les abeilles et les chiens renifleurs**

Certains animaux peuvent aussi aider les hommes dans leur lutte contre la COVID-19. Ainsi, avec un petit entrainement, les abeilles domestiques peuvent être aussi efficaces qu'un test PCR pour identifier le SARS-CoV-2.

C'est une étude passionnante publiée par des scientifiques dans la revue « The Company of Biologists[62]» qui démontre que les abeilles domestiques (Apis mellifera) peuvent détecter certaines maladies humaines, dont la COVID-19. A condition d'être entraînées à ce petit exercice.

L'explication est relativement simple, en tout cas sur le papier. Les scientifiques expliquent que toute infection et autre pathologie induit des changements physiologiques dans notre organisme. Par conséquent, les composés organiques volatils (COV) diffèrent entre les individus sains et les individus infectés. Ces COV constituent par conséquent une empreinte odorante qui dépend aussi de l'âge, du sexe, du régime alimentaire, du bagage génétique, des conditions métaboliques etc.

Il s'agit donc d'une « signature » propre à chacun d'entre nous.

---

[62] https://journals.biologists.com/bio/article/11/4/bio059111/275246

L'analyse de cette empreinte odorante donne ainsi une foule d'informations pertinentes sur l'état de santé des individus.

Or, l'actuelle pandémie de COVID-19, nécessite la mise en place de tests rapides pour poser un diagnostic fiable et mettre en œuvre des mesures rapides (mise en quarantaine de personnes et d'animaux infectés, soins particuliers, etc.).

D'où le recours à des animaux quand, dans certains pays, il n'y a pas de tests disponibles. On sait que des chiens ont été entraînés avec succès pour détecter les personnes infectées par le SARS-CoV-2.

De même, certains insectes ont des capacités olfactives très fortes. Certaines mouches peuvent détecter le cancer chez l'homme et les abeilles peuvent détecter la tuberculose.

Voilà désormais que ces mêmes abeilles peuvent distinguer des visons infectés par le SARS-CoV-2 des visons sains. Et cela grâce au développement des conditions de réflexes pavloviens. Les abeilles « sentent » le virus. On leur apprend à le reconnaître. Et les résultats sont étonnants : la fiabilité est de l'ordre de 92% !

Ce qui permet aux scientifiques d'envisager d'appliquer ces « tests » des abeilles aux populations éloignées des centres de tests traditionnels.

En tout cas, l'étude des chercheurs néerlandais est porteuse d'espoirs sur l'évolution des diagnostics COVID.

Les chiens sont également entraînés à la détection du SARS-CoV-2. L'extraordinaire acuité olfactive du chien est mise à profit depuis longtemps par les douanes pour détecter des explosifs, de la drogue ou certains aliments et par les équipes de premiers secours mobilisées en cas de catastrophe pour la recherche de personnes ensevelies.

De même, cette faculté est exploitée dans le domaine médical pour détecter des affections humaines (cancers, paludisme, Clostridium difficile, maladie de Parkinson, etc.) ou animales (pestivirose bovine, gale).

L'idée d'utiliser l'olfaction des chiens pour détecter les patients infectés atteints de COVID-19 a été envisagée par des équipes pluridisciplinaires (vétérinaires, médecins, biologistes, maîtres-chiens) pour répondre à la demande mondiale d'un test de dépistage rapide, simple, non invasif, sensible et spécifique, pouvant diminuer la charge des laboratoires de biologie médicale. En effet, devant l'accroissement des demandes de tests de détection de la COVID-19, l'utilisation de « chiens renifleurs » permettrait de réduire les délais trop élevés pour l'obtention d'un dépistage par RT-PCR, en particulier chez les cas suspects et les contacts.

Il faut souligner que, si certains animaux de compagnie ont pu être contaminés par leur propriétaire atteint de COVID-19, les chiens sont peu sensibles à l'infection. Ils développent parfois des formes mineures mais ne transmettent pas le SARS-CoV-2 à l'Homme.

Les premiers résultats obtenus par une équipe allemande et une équipe française, utilisant de nouveaux tests olfactifs de biologie médicale, montrent que des « chiens renifleurs » entrainés sont capables de reconnaître une odeur spécifique de la COVID-19 correspondant à un ensemble de composés organiques volatils spécifiques ou d'autres substances métaboliques produites par l'organisme malade, appelé volatilome ou VOC (volatile organic compounds).

Présent dans la circulation sanguine, le volatilome peut être excrété dans l'air expiré, l'urine, la salive, les fèces, le lait et la sueur.

C'est une association complexe avec des substances endogènes ou exogènes (aliments solides ou liquides ingérés, produits d'hygiène utilisés, médicaments…).

Pour cette raison, les chiens doivent être entrainés pendant deux à trois semaines pour la reconnaissance d'une odeur spécifique, aptitude validée par les maîtres-chiens.

L'étude allemande de l'Université vétérinaire de Hanovre, réalisée avec 7 chiens sur 10.388 échantillons salivaires et trachéobronchiques inactivés par la bêta-propiolactone, a conclu à une sensibilité de 82,6% et une spécificité de 96,3%.

L'étude française de l'École nationale vétérinaire d'Alfort (Projet NOSAÏS), utilisant la sueur axillaire considérée comme non contaminante, obtient des résultats similaires avec 8 chiens et 368 essais : 4 chiens étaient efficaces à 100%, les 4 autres l'étaient à 83%, 84%, 90% et 94% .

Des études ultérieures menées au Liban et aux Émirats arabes unis ont relevé une sensibilité de 92 à 98% ; certains cas présymptomatiques de COVID-19, négatifs en RT-PCR, ont été identifiés par la détection olfactive quelques jours avant l'apparition des symptômes et la positivité de la RT-PCR.

Un autre projet français (COVIDOG), soutenu par la Fondation de l'Université de Strasbourg et des Hôpitaux Universitaires de Strasbourg, utilise des cultures cellulaires issues de prélèvements de patients COVID-19 permettant ensuite d'identifier une odeur spécifique avec des « éponges à odeurs » (tubes en polymère absorbant ou masques chirurgicaux adaptés à la capture de VOC respiratoires) permettant d'envisager une détection à partir de groupes (aéroport, train, rassemblements divers, etc.) ou à l'échelon individuel.

Les résultats prometteurs de ces différents tests olfactifs obtenus avec des chiens entrainés dans le respect du bien-être animal, l'Académie nationale de médecine et l'Académie vétérinaire de France suivent des expériences avec beaucoup d'intérêt.

### Les chats et la péritonite infectieuse féline (PIF)

Au cours de ses recherches, Jean-Marc Sabatier décrit -pour la première fois- une analogie entre le coronavirus de la péritonite infectieuse féline ou PIF (non transmissible à l'homme) et le SARS-CoV-2 à l'origine de la COVID-19.

Une meilleure compréhension des phénomènes physiologiques complexes communs aux deux virus permettrait peut-être, d'apporter une réponse médicale définitive à la pandémie.

La péritonite infectieuse féline (PIF) est une maladie virale du chat provoquée par un alpha-coronavirus, alors que le SARS-CoV-2 responsable de la COVID-19 est un bêta-coronavirus. Il s'agit de virus apparentés. Le virus de la PIF est contagieux pour les chats, mais ne se transmet pas aux autres espèces, notamment aux humains. La PIF est bien connue et documentée depuis les années 1980. On sait que les virus de la PIF sont des coronavirus entériques devenus pathogènes à la suite de mutation(s), et concernent soit les jeunes chats (de 3 mois à 3 ans), soit les chats âgés (de 10 à 15 ans). Les pathologies associées à la PIF sont similaires aux maladies de la COVID-19.

En effet, les signes cliniques de la PIF sont très polymorphes, comme la COVID-19, constate le scientifique et se répartissent en formes « sèche » et « humide ». Dans la forme « sèche », on retrouve de possibles atteintes oculaires, ainsi que des atteintes granulomateuses au niveau des poumons, des reins, du foie, du système nerveux central, des ganglions, des intestins, accompagnés d'éventuels troubles neurologiques…

La forme « humide » se manifeste par des épanchements au niveau de l'abdomen ou du thorax par une inflammation de la plèvre (pleurésie), d'une inflammation du péritoine (péritonite) qui sont également bien définies dans la COVID-19.

Il existe d'autres manifestations cliniques communes aux deux formes de la maladie : les inflammations d'organes, les thromboses, les thrombocytopénies, les coagulopathies, etc.

Les formes « sèche » et « humide » peuvent coexister, ou se succéder. L'infection des macrophages par le virus de la PIF est parfois responsable d'une vascularite granulomateuse mortelle chez le chat.

Le virus de la PIF peut être latent et inoffensif pendant des années (jusqu'à 14 ou 15 ans) ou se multiplier et devenir mortel en peu de temps. L'évolution vers les formes graves se fait en moyenne sur 2 à 5 semaines.

Si les chats ne peuvent pas transmettre le virus de la PIF à l'homme, en revanche, les chats peuvent être (exceptionnellement) infectés par le SARS-CoV-2 responsable de la COVID-19. La latence observée pour le virus de la PIF pose la question de la possible latence du SARS-CoV-2 compte tenu de la similitude qui existe entre les deux virus.

Chez les chats, le virus se transmet de la mère aux chatons. Le virus est présent dans les selles et peut facilement infecter les autres chats, notamment dans les refuges et chatteries.

Jean-Marc Sabatier explique que les virus de la PIF et le SARS-CoV-2 sont tous deux des coronavirus enveloppés à ARN simple brin, de sens positif. Cela signifie que, bien que l'un soit de la famille alpha et l'autre de la famille bêta des coronavirus, ils sont tous deux très proches et d'origine zoonotique.

En fait, ces deux virus s'attaquent au système rénine-angiotensine[63] (SRA) de l'hôte, et la suractivation de ce système déclenche des troubles et pathologies comparables, bien que les deux virus agissent sur des récepteurs cellulaires distincts.

---

[[63]] https://infodujour.fr/societe/44361-et-si-le-sra-expliquait-la-COVID-19

Le virus de la PIF a pour récepteur cellulaire une molécule appelée « Amino-peptidase N » (APN). Il s'agit d'un récepteur de surface que l'on retrouve dans les intestins, les reins, les poumons, les cellules épithéliales et endothéliales, etc. L'APN transforme l'angiotensine III en angiotensine IV. Or, l'angiotensine III a pour cible le récepteur AT1R, responsable de la COVID-19.

Le SARS-CoV-2, lui, se fixe sur le récepteur ECA2 et conduit à une augmentation de l'angiotensine 2 qui provoque, là encore, une suractivation du récepteur AT1R très délétère puisqu'il est responsable de la COVID-19.

En d'autres termes, les deux virus vont cibler le récepteur AT1R (chat ou humain) en passant par des chemins différents.

Ce qu'il faut comprendre c'est que l'APN et l'ECA2 sont des composés du SRA qui est un système physiologique majeur pour le fonctionnement de l'organisme, qu'il s'agisse des fonctions rénales, cardio-vasculaires ou pulmonaires. Il est impliqué aussi dans le microbiote intestinal et l'immunité innée, aussi bien chez le chat que chez l'homme.

Finalement, les maladies du chat induites par le virus de la PIF sont comparables à celles provoquées par le SARS-CoV-2. Il n'existe aucun traitement particulier pour le chat sauf des médicaments de confort. Il faudrait des inhibiteurs du SRA.

Il n'existe pas encore de vaccins contre la PIF. Il y a eu des essais de vaccination à l'aide de virus de la PIF inactivés[64]. Les jeunes chats ont été « vaccinés » avec une souche a-virulente du virus. Un essai de vaccination utilisant un vecteur vaccine exprimant la protéine Spike du virus de la PIF a été également réalisé. Mais ces vaccinations ne les ont pas protégés contre une inoculation du virus virulent par voie oro-nasale.

---

[64] https://pubmed.ncbi.nlm.nih.gov/6299143/

Au contraire, les animaux vaccinés ont été plus facilement infectés que les chats non vaccinés.

Va-t-on obliger les animaux à porter le masque, à se tenir à distance respectable les uns des autres, à utiliser le gel hydroalcoolique, à être vaccinés ? Car ils sont de plus en plus nombreux dans le monde à être infectés par le SARS-CoV-2.

**Les oiseaux sauvages porteurs de virus**

On le sait, le coronavirus COVID-19 est apparu en Chine pour la première fois en novembre-décembre 2019 et plus particulièrement dans la ville de Wuhan. Mais la question de son origine est loin d'être résolue. Les scientifiques émettent des doutes sur plusieurs espèces animales sans pouvoir affirmer que l'une est plus suspecte que d'autres.

En effet, les premiers soupçons se sont portés sur un marché de la ville chinoise de Wuhan où se vendent des animaux sauvages.

Les chercheurs chinois ont immédiatement soupçonné les chauves-souris, les serpents et, surtout les pangolins, ces animaux à écailles très prisés en Chine.

La revue ornithomedia.com[65] voque dans l'une de ses éditions l'hypothèse d'une propagation du virus COVID-19 par les oiseaux, notamment par l'avifaune sauvage. Elle se fonde sur les travaux du Journal of Veterinary Research.

En effet « les oiseaux sauvages servent de réservoir naturel à des agents pathogènes qui peuvent être transmis aux animaux domestiques » souligne l'étude.

---

[65] https://www.ornithomedia.com/magazine/interviews/grippe-aviaire-migrations-olivier-dehorter-nous-repond-01824/

« Parmi les virus transmis par les oiseaux sauvages, ceux de la grippe aviaire et du Nil occidental sont bien connus. De nombreuses études ont aussi démontré la présence de plusieurs genres de coronavirus au sein du monde aviaire. »

« Les coronavirus peuvent être transmis de la volaille aux oiseaux sauvages et inversement, ce qui favorise leur propagation sur de longues distances. Les oiseaux sauvages sont suspectés de propager différentes souches du virus de la bronchite infectieuse aviaire dans de nouvelles régions géographiques, comme la QX (lignée GI-19) de la Chine vers l'Europe, et la Var2 (lignée GI-23) du Moyen-Orient à la Pologne. Si un oiseau sauvage était contaminé par plusieurs coronavirus, il pourrait constituer un excellent terrain de recombinaison, ce qui contribuerait éventuellement à l'émergence d'une nouvelle maladie dangereuse pour les humains : c'est la raison pour laquelle la présence de ces virus doit être continuellement surveillée chez les groupes d'oiseaux sensibles, comme les canards et les pigeons. »

Le 6 avril 2022, le Conseil de sécurité des Nations unies se réunit à la demande de la Russie pour un événement extraordinaire sur la sécurité biologique selon la formule Arria (rencontres confidentielles et informelles) concernant les activités biologiques dans des pays comme l'Ukraine.

Comme on pouvait s'y attendre, les représentants des États-Unis et du Royaume-Uni ne se sont pas présentés et les médias occidentaux ont également boudé les débats. Mais cela n'enlève rien à ce qui s'est passé.

Au cours de cette réunion, le général Igor Kirillov, chef des forces de défense contre les radiations, les produits chimiques et biologiques des forces armées russes, a révélé que Washington avait créé des laboratoires biologiques dans différents pays dont l'Ukraine, comme nous l'avons déjà expliqué. Le réseau ukrainien de laboratoires, conçu pour mener des recherches et surveiller la situation biologique, comprend 30 installations réparties sur 14 sites peuplés.

Les actes de la conférence du Conseil de sécurité du 6 avril ont été rendus publics (voir la vidéo[66]) et confirment l'inquiétude des Russes. Car, au cours de l'offensive militaire, les forces russes ont pris possession du matériel trouvé dans certains laboratoires qui n'avaient pas été complètement « nettoyés » par les Ukrainiens en fuite.

L'une des découvertes extravagantes concerne l'utilisation d'oiseaux migrateurs numérotés. L'auteur précise que le Pentagone observe les routes empruntées chaque année par ces oiseaux. Quelques-uns sont capturés, bagués, et auxquels sont attachés de petites capsules de germes pathogènes hautement nocifs. Relâchés dans la nature, les oiseaux sont suivis grâce à une puce reliée à un ordinateur.

Ces oiseaux migrateurs, porteurs d'épidémies, parcourent de grandes distances, parfois de plusieurs milliers de kilomètres, d'un continent à l'autre. Comme « l'albatros à sourcils noirs[67] » qui peut parcourir jusqu'à 8.500 km qui migre vers l'est ou « l'albatros à cape blanche[68] »qui migre vers l'ouest. Leur parcours est suivi par satellite. Il suffit alors de libérer les germes transportés par la petite capsule pour provoquer de gros dégâts dans les populations humaines ciblées.

Vrai ? Faux ? Difficile de répondre. Car dans cette guerre moderne, le mensonge est sans doute l'arme la plus sophistiquée et la plus meurtrière qui soit.

---

[66] https://www.youtube.com/watch?v=Gu6fUrbjHeU

[67] https://fr.wikipedia.org/wiki/Diomedeidae

[68] https://fr.wikipedia.org/wiki/Albatros_%C3%A0_cape_blanche

# Chapitre 6

## « Résistants » contre « collabos »

A chaque nouvelle vague de COVID, la peur s'installe dans l'opinion. Les autorités sanitaires et politiques cherchent à rassurer. Mais les maladresses succèdent aux bévues et sont sources d'angoisses supplémentaires.

Exemple avec les masques. La France, une fois encore, est coupée en deux. D'un côté, ceux qui prônent le port du masque pour limiter la propagation de la COVID-19. De l'autre, ceux qui y sont farouchement opposés. En début d'épidémie, au premier semestre 2020, le Premier ministre, Edouard Philippe, la ministre de la Santé, Agnès Buzyn, la porte-parole du gouvernement, Sibeth Ndiaye, et même Jérôme Salomon, directeur général de la Santé, se succèdent à la télé pour dire que « le masque est inutile », « il ne faut pas porter de masque » ! « Ça ne sert à rien » et c'est même « contre-productif » ! etc.

On apprendra rapidement que l'exécutif camoufle en fait la pénurie des stocks stratégiques de masques gérés par le ministère français de la Santé. L'important stock constitué après la crise du H1N1 en 2009 et réparti sur 22 entrepôts dans toute la France n'a pas été renouvelé par les autorités.

Quelques mois et un changement de Premier ministre plus tard, virage à 180°. Le 20 juillet 2020 (décret publié le 17 juillet au JO), le port du masque devient obligatoire en France : dans la rue, à l'école, dans les entreprises. Et même à vélo ou en trottinette [mesure finalement retirée de l'arrêté préfectoral].

Plusieurs questions, dès lors, se posent. Sur quelle(s) étude(s) se fonde cette décision du port du masque partout et en tous lieux, notamment en extérieur ? Nous n'en connaissons pas. Et le bon sens ne suffit pas toujours à expliquer ce qui doit être démontré.

Une majorité de Français se dit favorable au port du masque, y compris en extérieur (63% selon un sondage Harris pour LCI). Mais les anti-masques (36%) voient dans ce bout de tissu plaqué sur le visage « une muselière », une atteinte à leur vie privée. L'ennui, c'est qu'il n'est pas question ici de liberté mais de santé. C'est donc l'aspect sanitaire du masque qui doit prévaloir dans ce débat. Mais les avis divergent chez les scientifiques.

Rapidement, la France est coupée en deux, une fois encore. Il y a les pro et les anti-masques. On s'étripe sur les plateaux de télé, on s'invective dans la rue, on se dispute dans les familles, on se chicane au travail...

**Manifestations dans de nombreuses villes**

Les « résistants » comme s'appellent eux-mêmes les opposants au port du masque sont minoritaires comparés aux « collabos », favorables en toutes circonstances aux décisions des autorités politique et sanitaire. Ils organisent «la résistance» à l'image de ce prof de philo, René Chiche, qui annonce publiquement qu'il refusera de porter le masque pour faire ses cours. Il l'écrit en ces termes sur Twitter, le 27 août 2020 : « Mesdames et messieurs les pisse-froid, les moralistes à deux sous des chaînes de bavardage en continu, les ministres par le hasard des rencontres, vous n'avez aucune autorité sur moi. Je ne ferai pas cours avec un masque. Je persiste et signe. »

Qu'ils soient qualifiés de « résistants » ou encore de « négationnistes du coronavirus » et le plus souvent de « complotistes », ces Gaulois réfractaires, se sont regroupés en associations ou en collectifs. Ils interviennent sur les réseaux sociaux, défilent dans les rues des grandes villes européennes, comme à Paris, Bruxelles ou Berlin et défient les autorités. La manif du samedi 29 août 2020 à Berlin, intitulée «Assemblée pour la liberté» a été interdite. Qu'à cela ne tienne. Des pétitions circulent sur la toile. « Laissez-nous respirer » supplient les anti-masques qui entendent réagir à la psychose généralisée du coronavirus, entretenue il faut bien le dire, par les médias sous influence, comme on va le voir.

Le débat autour du port du masque enfle au fil des mois. Il va même atteindre son paroxysme à partir du 1er septembre 2020, date à laquelle le port du masque sera effectivement obligatoire aussi dans les espace clos et partagés des entreprises. Et dans les établissements scolaires.

« Moi, j'ai interdit à mon fils de porter le masque en classe, explique un père de famille parisien, farouche opposant à ce bout de tissu. Et chaque fois qu'il sera puni par la maîtresse, je lui donnerai un billet de 5 euros ! Le masque chirurgical est dangereux pour lui, pour nous, pour tous les enfants. Il ne protège de rien et surtout pas du coronavirus. Il est source d'angoisse pour les enfants dont la respiration est rendue difficile. »

Jean Castex, Premier ministre, intervient à la radio, avec son accent du Gers. « Il faut expliquer aux Françaises et aux Français, y compris les anti-masques, que le masque est extrêmement utile. S'ils ne le croient pas pour eux-mêmes, qu'ils pensent aux autres. Ils ont tous, dans leur entourage, des personnes vulnérables. »

**Des actes de piraterie**

Bref, qu'il protège ou non, le masque est obligatoire. Mais les pharmacies ont été vite dévalisées. Comment s'en procurer ?

En ce mois d'avril 2020, l'Etat a commandé, un peu tard, quatre milliards de masques fabriqués en Chine. De leur côté, les collectivités territoriales ont passé des commandes groupées pour satisfaire les besoins locaux. Ce fut le cas de plusieurs régions, dont le Grand Est, les Hauts-de-France, PACA avec des départements comme les Bouches-du-Rhône.

Dans cette guerre des masques[69], on a vu des Américains acheter cash sur le tarmac des cargaisons destinées aux régions Françaises ; on a assisté à des « vols » entre collectivités, reconnus puis démentis ; à des détournements par les autorités françaises de masques destinés à l'Espagne et à l'Italie.

Les masques de protection sont devenus des armes stratégiques pour mener la guerre sanitaire. Début avril, la préfète du Grand Est, Josiane Chevalier, décide de faire main basse sur une cargaison de masques en provenance de Chine sur l'aéroport de Bâle-Mulhouse.

Cette cargaison était destinée à l'ARS, aux régions Grand Est et Bourgogne mais aussi au département des Bouches-du-Rhône. Un acte de piraterie, comme au bon vieux temps des corsaires et de la vieille piraterie maritime.

La présidente des Bouches-du-Rhône a vivement réagi : « La vie des Provençaux ne vaut pas moins que celle de nos compatriotes du Grand Est » fulmine Martine Vassal dans un communiqué.

Même coup de gueule de la présidente de la région Bourgogne-Franche-Comté, Marie-Guite Dufay, qui déplore s'être fait faucher une commande de masques.

La préfète du Grand Est est-elle dans son droit ? Question d'interprétation des textes. En effet, le décret n° 2020-247 du 13 mars 2020[70] relatif aux réquisitions nécessaires dans le cadre de la lutte contre le virus COVID-19 permet les autorités de saisir les masques de protection (jusqu'au 31 mai 2020).

Une semaine plus tard, le 20 mars, nouveau décret modifiant le précédent[71]. Il précise que les réquisitions ne « sont applicables qu'aux stocks de masques déjà présents sur le territoire national » et « au-delà d'un seuil de cinq millions d'unités par trimestre par personne morale ».

Autrement dit, en-deçà de 5 millions de masques, pas le droit de réquisitionner.

---

[69] https://infodujour.fr/societe/faits-divers/32415-coronavirus-la-guerre-des-masques-est-declaree

[70] https://www.legifrance.gouv.fr/loda/id/JORFTEXT000041721820

[71] https://www.legifrance.gouv.fr/loda/id/JORFTEXT000041741041

Or, les livraisons de masques aux collectivités territoriales ne sont pas supérieures aux 5 millions de masques.

### Le cabinet d'audit McKinsey en première ligne

La fracture entre les Français prendra une tournure plus radicale encore avec les vaccins. La campagne de vaccination débute en France fin décembre 2020-début janvier 2021. C'est un échec qui s'inscrit dans la continuité des nombreux revers essuyés par le gouvernement depuis le début de cette crise sanitaire. Echec dans l'approvisionnement des masques, des gants, du gel hydroalcoolique, du fiasco du confinement en mars 2020 et, surtout, du déconfinement en mai.

Pour vacciner plus de 40 millions de Français en toute sécurité et en un temps record, en assurant un suivi de pharmacovigilance, le gouvernement a décidé de confier la gestion et la logistique de la vaccination au cabinet américain McKinsey, comme nous l'avons dit. Prestations facturées 2 millions d'euros par mois pour McKinsey selon Le Point[72].

On connaît le cabinet d'audit américain McKinsey, cette grosse machine dont le siège est situé à New York. En 2021, McKinsey compte plus de 130 bureaux répartis dans 65 pays et réunissant près de 30 000 personnes. C'est l'un des trois plus grands cabinets de conseil en stratégie du monde.

La presse a évoqué le conflit d'intérêts qu'il pouvait y avoir entre Laurent Fabius, président du Conseil constitutionnel, sollicité pour donner son avis le 5 août 2021 sur l'extension du pass sanitaire et son fiston, Victor Fabius, directeur associé de McKinsey et Company Inc. France, créé en 2005 et dont le siège social est situé… dans l'Etat du Delaware, aux Etats-Unis. L'adresse du 90 avenue des Champs-Elysées à Paris n'étant qu'un établissement secondaire.

---

[72] https://infodujour.fr/societe/48155-vaccins-faut-il-tenter-le-diable-avec-de-larn

Cela facilite les choses, évidemment, en matière fiscale. On en aura confirmation lorsque les responsables de « la firme » seront auditionnés par une commission d'enquête du Sénat en mars 2022[73].

Le cabinet de conseil ne paie aucun impôt en France, contrairement à ce qu'a prétendu, sous serment, son directeur général Karim Tadjeddine.

La confirmation de cette optimisation fiscale suspecte sera donnée le 24 novembre 2022 par le procureur de la République financier, Jean-François Bohnert via un communiqué de presse dans lequel il écrit que le PNF a ouvert une enquête préliminaire et deux informations judiciaires.

L'enquête préliminaire[74] a été ouverte le 31 mars 2022 du chef de blanchiment aggravé de fraude fiscale aggravée visant le groupe McKinsey. Une première information judiciaire a été ouverte le 20 octobre 2022, notamment du chef de non tenue de comptes de campagne et minoration d'éléments comptables dans un compte de campagne portant sur les conditions d'intervention de cabinets de conseils dans les campagnes électorales de 2017 et 2022.

Une seconde information judiciaire a été ouverte le 21 octobre 2022 des chefs de favoritisme et recel de favoritisme.

Cette enquête et ces deux informations judiciaires font suite aux travaux[75] et au rapport du 16 mars 2022 de la commission d'enquête du Sénat[76] sur l'influence croissante des cabinets de conseil privés sur les politiques publiques, d'une part, et aux plaintes et signalement d'élus, associations, syndicats et particuliers, d'autre part.

---

[73] https://infodujour.fr/politique/elections/62365-mckinsey-le-pnf-enquete-sur-les-campagnes-de-macron-en-2017-et-2022

[74] https://infodujour.fr/societe/56964-presidentielle-la-bombe-mckinsey

[75] https://infodujour.fr/societe/56521-etat-le-recours-abusif-aux-cabinets-prives

[76] https://infodujour.fr/societe/55360-vaccins-mckinsey-sur-le-grill-des-senateurs

Rappelons qu'il existe des liens très fort entre McKinsey et le président de la République, depuis sa première campagne électorale de 2017, liens qui font désormais l'objet d'investigations judiciaires.

Laissons la campagne électorale pour revenir à la campagne vaccinale. Elle a été largement pilotée par le cabinet McKinsey qui a orienté les choix politiques et sanitaires de la France. Des choix très favorables à Big Pharma.

Les autorités sanitaires et politiques sous influence McKinsey ont donc fait le forcing pour obliger les Français à se faire vacciner. Or, les vaccins anti-COVID inquiètent. Fabriqués à la hâte, ils divisent la communauté scientifique. Six mois seulement après les premières injections, apparaissent des premiers effets secondaires graves. Certains chercheurs parlent d'une « expérimentation sauvage[77]. »

La controverse prendra une tournure plus radicale dès juillet 2021. En imposant la vaccination obligatoire de façon brutale et sans aucune concertation avec qui que ce soit, y compris pour les enfants de plus de 12 ans, et en imposant le pass sanitaire pour aller boire simplement un café ou faire ses courses, le président de la République provoque inutilement un déchainement de colère et même de haine entre pro- et les antivaccins. Ou, plus précisément, anti-COVIDvax puisque c'est uniquement le faux vaccin contre la COVID-19 qui est rejeté.

Un documentaire publié le 11 novembre 2020 va, une nouvelle fois, mettre le feu aux poudres. Intitulé Hold-up, retour sur un chaos, ce film de 2 heures 43 diffusé en ligne prétend dévoiler la face sombre et secrète de l'épidémie. Les auteurs dénoncent la gestion calamiteuse de la crise sanitaire, notamment en France, avant de développer une étrange théorie de complot mondial ourdi par le Forum économique mondial dans le cadre d'un plan appelé Great Reset (grande remise à zéro) visant à contrôler et soumettre l'humanité.

---

[77] https://infodujour.fr/societe/48155-vaccins-faut-il-tenter-le-diable-avec-de-larn

Trente-sept personnes sont interviewées dans le documentaire. Parmi elles, des journalistes, des médecins, des juristes, Philippe Douste-Blazy, médecin et ancien ministre de la Santé, Louis Fouché, médecin, Violaine Guérin, endocrinologue et gynécologue, cofondatrice du collectif « Laissons-les prescrire », Alexandra Henrion-Caude, généticienne, ancienne directrice de recherche à l'Inserm, Michael Levitt, biophysicien et ancien prix Nobel de Chimie 2013, Luc Montagnier, biologiste virologue, Nobel de Médecine en 2008, Christian Péronne, professeur de médecine, Martine Wonner, médecin psychiatre, alors députée du Bas-Rhin, Michael Yeadon, ancien directeur de la recherche chez Pfizer et quelques autres.

Ce film dénoncé rapidement comme étant « complotiste » contribue cependant à exacerber la position des uns et des autres sur l'efficacité des vaccins. Les meilleurs scientifiques n'étant pas d'accord entre eux, quelle confiance accorder à ces nouveaux vaccins ?

L'affrontement se manifeste à toute occasion, lors de débats télévisés, sur les médias sociaux, dans la rue, dans les entreprises. Rarement, la France a eu à connaître des déchirements aussi violents de son peuple, sauf à remonter aux guerres de religion ou à l'affaire Dreyfus qui a vu les Français se dresser les uns contre les autres.

On s'affronte à coups d'arguments plus ou moins scientifiques. Des « experts » courent les plateaux de télévision pour nous dire que la vaccination protège contre la COVID-19 et tous ses variants, dont le fameux variant Delta qui sévit alors.

Avec des chiffres que l'on a du mal à vérifier. Et lorsqu'on peut les vérifier, ils s'avèrent faux.

Exemple : « le vaccin Pfizer protège à 94% contre le variant Delta ». Or, nous avons écrit le 11 juillet 2021[78] : « Le retour d'expérience du Royaume-Uni en avance sur nous pour la vaccination via les données publiées le 9 juillet

2021 par le Public Health England (PHE) sur plus de 300.000 personnes contaminées montre une létalité près de 10 fois moins importante que le virus souche (1.9% pour le variant alpha versus 0.2% pour le delta). »

Autre exemple : « 96 % des Français contaminés la semaine dernière n'étaient pas vaccinés » (Olivier Véran). D'où vient ce chiffre ? Mystère.

Malgré le flou de ces affirmations, plusieurs millions de Français prennent d'assaut les centres de vaccination pour pouvoir « vivre normalement ».

Mais il y a encore les réfractaires. Et ils font beaucoup de bruit. S'agit-il d'opposants à la science et au progrès pour des questions religieuses ou philosophiques ? Pas tout à fait. Ces apostats, ces renégats, ces traîtres, arguent que les quatre vaccins autorisés en France ont été fabriqués dans la précipitation, qu'ils engendrent des effets délétères, parfois mortels, qu'ils ne protègent pas efficacement contre la COVID-19 et ses variants, même des formes graves.

Ils refusent donc « la dictature sanitaire », celle qui vise à imposer à toute une population des lois d'exception, liberticides, au motif de vouloir protéger la santé des Français. Ceux-là ont décidé de réagir, de manifester le plus bruyamment possible, comme ce fut le cas le samedi 17 juillet 2021, à Paris et dans les grandes villes de France. Ils sont allés protester, sans se faire trop d'illusions, sous les fenêtres du Conseil d'État, place du Palais Royal, pour « un défilé historique » disent-ils, puisque le Conseil d'État doit valider les mesures Macron.

Après un an et demi de COVID-19, de confinement, de grandes difficultés pour l'économie française, avait-on vraiment besoin de ces affrontements entre Français, ces déchirements qui contiennent tous les ferments d'une guerre civile ?

---

[78] http://publictionnaire.huma-num.fr/notice/fact-checking/

La colère s'exprime sur les plateaux télé, à la radio ou dans la rue. Journalistes, acteurs, chanteurs, artistes, sportifs choisissent leur camp et conspuent, parfois, ceux qui ne sont pas d'accord avec eux.

Quelques exemples parmi les plus stupides.

Le journaliste Christophe Barbier : « On peut demander à ceux qui ont les noms des non-vaccinés de donner ces fichiers à des brigades, à des agents, à des équipes qui vont aller frapper à leur porte ! »

François Berléand, comédien : « Depuis le début, ils me font chier les Gilets jaunes. Et il y a des crétins qui pensent que l'on ne doit pas se faire vacciner ! Tant pis pour eux. »

Martin Hirsch, patron de l'Assistance Publique-Hôpitaux de Paris (AP-HP) déclare que les non-vaccinés ne devraient pas bénéficier de la gratuité des soins.

Emmanuel Lechypre, journaliste : « Moi, je vous ferai emmener par deux policiers au centre de vaccination. Il faut aller les chercher avec les dents et les menottes ».

Charles Consigny, chroniqueur : « Faisons payer l'entrée en réanimation aux non-vaccinés. »

Pierre Perret, chanteur : « Celui qui ne se fait pas vacciner, à mon avis, c'est un beau crétin ».

Joe Star, comédien, aux anti-pass : « Vous êtes des connards ».

Caroline Fourest, journaliste : « Si nous sommes frappés par une quatrième vague, ce ne sera ni la faute de la mère Nature ni même pour une fois celle du gouvernement, mais la faute des non-vaccinés.

À cause d'eux, nous risquons de perdre la course contre la montre : monter le niveau d'immunité collective avant que le virus n'ait trop muté. »

Didier Bourdon, comédien : les non-vaccinés ? « De pauvres connards ».

Patrick Bruel, chanteur : « Dites à vos potes non-vaccinés qu'ils commence à nous saouler ! »

Dans les rangs des « résistants » anti-vaccination, l'humoriste Jean-Marie Bigard annonce qu'il n'y aura pas de pass sanitaire pour entrer à son spectacle à Fréjus, le 22 juillet 2021.

Mais il doit revenir à la raison et jouer finalement devant un public de spectateurs masqués et vaccinés.Son spectacle du lendemain à Nice est annulé.

De nombreux sportifs ont, eux aussi, refusé la piqûre.

C'est le cas de Novak Djokovic qui a été placé dans un centre de rétention en Australie où il n'a pas pu jouer l'Open d'Australie, puis l'US Open.

Pour inciter les Français à se faire vacciner le gouvernement ne lésine pas sur les moyens. Plusieurs campagnes de pub inondent les médias.

On se souvient encore de ces slogans tapageurs : « Tous vaccinés, tous protégés », ou encore « On peut débattre de tout, sauf des chiffres ».

Moins connus : « Il y a des chiffres qui piquent plus qu'une aiguille », « A chaque vaccination, c'est la vie qui reprend ».

C'est Noël ? « Fêtes les bons gestes ».

Affiche d'un couple amoureux : « Oui, le vaccin peut avoir des effets désirables ».

**« Je vais emmerder les non-vaccinés »**

Alors que de nouveaux variants apparaissent régulièrement et qu'il est recommandé de faire une deuxième puis une troisième injection en quelques mois à peine, la polémique fait rage entre pro et antivaccins. Jusqu'au sommet de l'Etat.

Le 4 janvier 2022, dans une longue interview publiée par le Parisien, Emmanuel Macron répondant à un panel de lecteurs se lâche : « C'est une toute petite minorité qui est réfractaire, dit-il. Celle-là, comment on la réduit ? On la réduit, pardon de le dire comme ça, en l'emmerdant encore davantage. Moi, je ne suis pas pour emmerder les Français. Je peste toute la journée contre l'administration quand elle les bloque. Eh bien là, les non-vaccinés, j'ai très envie de les emmerder. Et donc on va continuer de le faire, jusqu'au bout. C'est ça, la stratégie. Je ne vais pas les mettre en prison, je ne vais pas les vacciner de force. Et donc, il faut leur dire : à partir du 15 janvier [2022], vous ne pourrez plus aller au resto, vous ne pourrez plus prendre un canon, vous ne pourrez plus aller boire un café, vous ne pourrez plus aller au théâtre, vous ne pourrez plus aller au ciné… ».

A trois mois de la présidentielle Macron jette de l'huile sur le feu en stigmatisant les non-vaccinés. Ils le lui rendront bien. Le candidat a perdu 1.974.489 voix entre le second tour de 2022 et le second tour de 2017. Les anti-pass et antivax s'attribuent cette perte phénoménale de voix en cinq ans.

Il est vrai que le rôle de la presse pose question. Durant toute la crise sanitaire, l'industrie mondiale de l'information a joué le rôle de rouleau compresseur. Plutôt que de prendre un peu de recul, de donner la parole aux scientifiques et aux médecins ayant des avis divergents afin d'éclairer le public, de faciliter la saine controverse scientifique, les médias ont apporté un soutien sans faille aux autorités politiques et sanitaires et aux grands labos pharmaceutiques. La presse ne joue plus son rôle de contre-pouvoir. Pourquoi ?

# Chapitre 7

## L'honneur perdu des journalistes

Les dés seraient-ils pipés ? L'information mondiale serait-elle désormais sous contrôle de quelques groupes industriels planétaires et d'officines malveillantes ? La question est posée à chaque élection, aux États-Unis, en France et ailleurs. Elle l'est de façon encore plus flagrante avec la crise sanitaire.

Les médias sociaux numériques ont peu à peu remplacé les feuilles de choux locales pour informer les citoyens. Avec Twitter, Facebook, YouTube, Instagram, TikTok et autres LinkedIn, l'information journalistique se mélange allègrement à la communication, à la publicité, à la propagande et… au mensonge. Dans ce magma informe, chaque utilisateur y trouve ce qu'il y cherche.

En quelques années, l'information journalistique (celle qui est vérifiée et recoupée, classée et hiérarchisée) a fait place à cette masse monstrueuse d'infos gérée par de puissants algorithmes qui décident ce qui peut être publié ou non.

Comment s'y retrouver ? Comment trier le vrai du faux ? Toute la question est là : qui décide de la vérité ? Si je dis : « Dieu existe », est-ce une fake news ? Et qui peut vérifier ? Quel fact-checking[79] peut donner la réponse ?

Personne, évidemment, puisqu'il s'agit d'une affaire de croyance.

Croire, ce n'est pas savoir.

---

[79] http://publictionnaire.huma-num.fr/notice/fact-checking/

La crise sanitaire est exemplaire de l'entreprise de désinformation gigantesque menée depuis trois ans par les grands médias qui, à de rares exceptions près, affirment péremptoirement que les vaccins destinés à combattre la COVID-19 sont sûrs. Ce faisant, ils confortent la politique sanitaire des États qui imposent la vaccination sous contrainte. Médias, États : même combat !

Mais pourquoi tous les médias du monde disent-ils la même chose au même moment sur les mêmes sujets ? Pourquoi affirment-ils que les vaccins sont sûrs et qu'il faut se faire injecter deux, puis trois, puis quatre doses, peut-être plus ? Pourquoi les autorités de tous les pays suivent-elles la même logique aveugle ? Pourquoi n'y a-t-il pas de controverse scientifique possible à la télé ou dans les journaux sur ces sujets pour permettre le débat et équilibrer l'information ?

C'est simple : parce que les grands médias du monde sont aux mains de quelques groupes industriels et financiers très puissants relayés par des lobbies grassement rémunérés.

Or, ces grands organismes de presse et ces entreprises numériques d'envergure mondiale ont décidé de se regrouper pour former un immense cartel visant à contrôler l'information. Ils se sont rassemblés en 2019 au sein de la Trusted News Initiative (TNI) « pour protéger le public et les utilisateurs contre ce qu'ils estiment relever de la désinformation, en particulier dans les périodes "à risque" comme les élections. »

Mais aussi comme la gestion de la crise sanitaire ou la guerre en Ukraine.

Pour que les choses soient claires, la TNI a publié un communiqué[80] dont le titre est limpide : « La TNI s'attaque à la désinformation dangereuse sur les vaccins. »

---

[[80]] https://www.ebu.ch/fr/news/2020/12/trusted-news-initiative-to-combat-spread-of-harmful-vaccine-disinformation

En précisant : « Les partenaires de la TNI s'alerteront mutuellement en cas de désinformation présentant une menace vitale imminente, afin que les contenus visés puissent être examinés rapidement par les responsables des plateformes, tandis que les éditeurs veilleront à ne pas répercuter à leur insu de dangereux mensonges. » Autrement dit, tous les partenaires se concertent pour traquer et éliminer la fausse information « antivaccins » de leurs plateformes respectives.

Les partenaires ? Ce sont les grandes agences de presse qui alimentent toutes les rédactions du monde : l'Agence France Presse (AFP), Associated Presser (AP), Reuters, mais aussi la BBC, CBC/Radio-Canada, l'Union européenne de radiodiffusion (UER), Facebook, Financial Times, First Draft, Google/ YouTube, The Hindu, Microsoft, Reuters, Reuters Institute for the Study of Journalism, Twitter et The Washington Post.

Le cas de Reuters[81] est particulièrement intéressant. Rachetée en 2007 par le groupe canadien Thomson Financial, l'agence internationale de presse, devenue Thomson Reuters Corps fut présidée de 2012 à 2020 par James C. Smith. Ce dernier dirige actuellement la Fondation Thomson Reuters, organisation caritative basée à Londres.

Or, James C. Smith est aussi, depuis le 26 juin 2014 membre du conseil d'administration de Pfizer Inc[82]. Et l'un des premiers investisseurs du labo. Précisons que M. Smith[83] est aussi membre du Conseil d'affaires international du Forum économique mondial et de nombre conseils consultatifs internationaux. Le plus grave, ce n'est pas que Reuters continue de promouvoir les produits pharmaceutiques de Pfizer, c'est qu'il entend, comme ses autres partenaires du TNI, réduire au silence tous ceux qui ne sont pas d'accord avec eux.

---

[[81]] https://fr.wikipedia.org/wiki/Reuters

[[82]] https://www.pfizer.com/people/leadership/board_of_directors/james_smith

[[83]] https://blogs.mediapart.fr/gabas/blog/261221/james-smith-de-thomson-reuters-corp-pfizer-inc-etc

Comment ? En faisant du fact-checking[84], ce qui, en soi, n'a rien de répréhensible. Mais surtout en pratiquant la censure à grande échelle.

Là encore, les géants du numérique se sont associés[85] pour lutter contre la désinformation (supposée) sur leurs sites.

Et pour lutter contre la désinformation, rien de tel que de censurer l'information qui déplaît en la supprimant, purement et simplement, sans en informer l'auteur. Et lorsque les infos paraissent trop radicales, le titulaire du compte est banni, viré, éliminé. « Votre publication ne respectait pas les standards de notre communauté » !

**Un professeur israélien censuré par Twitter**

Le cas du Professeur Shmuel Shapira illustre combien les médias sociaux sont devenus des machines de guerre au service de Big Pharma. Pas question, pour qui que ce soit, de dénigrer les vaccins ou de remettre en cause l'efficacité vaccinale.

Le Pr Shmuel Shapira, ex-directeur de l'Institut israélien de recherche biologique entre 2013 et 2021, en sait quelque chose.

La revue Kanekoa[86] reprise par Les DeQodeur[87], rapporte que le célèbre professeur, auteur de plus d'une centaine d'articles scientifiques, s'est vu retirer l'un de ses posts de Twitter pour avoir affirmé : « Les cas de variole du singe ont été rares pendant des années. Ces dernières années, un seul cas a été documenté en Israël.

---

[84] https://www.reuters.com/news/archive/factCheckNew

[85] https://www.reuters.com/technology/twitter-partners-with-ap-reuters-battle-misinformation-its-site-2021-08-02/

[86] https://kanekoa.substack.com/p/twitter-censors-pfizer-injured-israeli

[87] https://lesdeqodeurs.fr/twitter-censure-le-directeur-du-vaccin-israelien-COVID-victime-de-pfizer/

Il est bien établi que les vaccins à ARNm affectent le système immunitaire naturel[88] (article censuré sur infodujour.fr republié sur Contre-pouvoir.info/). Une épidémie de variole du singe après une vaccination massive de COVID : ce n'est pas une coïncidence.

Le professeur Shapira, a dénoncé à plusieurs reprises les effets néfastes des vaccins.

Quelques jours après avoir ouvert un compte Twitter, en janvier 2022, il conteste la remise du prix Genesis au PDG de Pfizer, Albert Bourla.

En février, il s'interroge : « Quelle note donneriez-vous à un vaccin avec lequel les gens sont vaccinés trois fois et tombent malades deux fois (à ce jour) ? Sans parler des effets secondaires importants [...] »

En avril, il s'insurge : « Le PDG de la société, dont des millions de vaccins ont été utilisés en Israël pour la vaccination, a déclaré dans une interview avec NBC qu'Israël sert de laboratoire mondial. À ma connaissance, c'est le premier cas dans l'histoire où des cobayes expérimentaux ont payé un tarif exorbitant pour leur participation. »

En mai : « J'ai reçu 3 vaccins, j'ai été "blessé physiquement" de manière très significative comme beaucoup d'autres personnes ont été blessées [...] Et en outre, ma confiance dans la nature des décisions et dans les processus de prise de décision a été gravement érodée. Personne n'a demandé et vérifié. Je me battrai de toutes mes forces pour que des réponses véridiques concernant toutes les décisions, et pas seulement le vaccin, soient données [...] »

En juin : « Je vais continuer et demander pourquoi donner un cinquième vaccin périmé qui ne prévient pas la maladie et qui apparemment provoque de nombreux effets secondaires communs importants. »

---

[88] https://contre-pouvoir.info/2022/07/les-vaccins-anti-COVID-enfin-reconnus-dangereux/

En juillet : « Selon les données officielles de l'Australie, plus on vous injecte de doses, plus vous risquez d'être malade, la quatrième injection faisant bondir le risque de façon spectaculaire[89].

D'après cette étude, il s'agit soi-disant d'un antivaccin, du moins d'après ce qu'on m'a enseigné. » Il ajoute, quelques jours plus tard : « Je ne suis pas antivaccins, je suis anti-stupidité, anti-fausse science et anti-management incompétent ».

Ainsi, petit à petit, se met en place « une vérité officielle », celle décidée par un petit groupe d'industriels qui nous imposent leur vision du monde. Un monde façonné exclusivement autour de leurs gigantesques profits.

Les moyens de communication de masse numériques et leurs algorithmes sont si puissants qu'ils ont pris le contrôle des idées et des opinions dans le monde en décidant arbitrairement ce qui est vrai et ce qui est faux.

Pour lutter contre la désinformation, les réseaux sociaux et les grands médias ont décidé de s'attaquer aux « fake news » concernant la COVID-19 et les vaccins. Mais les «vérificateurs» n'ont pas forcément la compétence et le talent requis pour distinguer le vrai du faux en matière scientifique. Il s'agit souvent de fact-checking à la sauce Pfizer, Moderna et autres.

**L'aveuglement des scientifiques**

Les vaccins contre la COVID-19 sont-ils vraiment sans danger ? Poser la question et, surtout, permettre aux sachants d'y répondre, c'est participer à la saine controverse scientifique, celle qui fait avancer le monde et l'éloigne de l'obscurantisme. C'est éclairer le grand public sur des sujets très techniques pour lui permettre de se forger une opinion en évaluant les arguments des uns et des autres.

---

[89] https://infodujour.fr/sante/58952-vaccins-la-troisieme-dose-booste-la-COVID

Mais on voit bien, depuis le début de la pandémie, fin 2019, que le débat est biaisé. Les géants du numérique, peu habitués sans doute au débat contradictoire, ont pris fait et cause pour les vaccins dont ils affirment péremptoirement qu'ils sont à la fois efficaces et sûrs. C'est un dogme, une vérité révélée par Big Pharma. Dès lors, ils imposent leur point de vue en censurant les articles qu'ils considèrent « inappropriés » sur les médias sociaux numériques, en restreignant ou en fermant les comptes des internautes séditieux.

Converties à cette nouvelle religion, les autorités sanitaires de tous les pays, en tout cas en Europe, ont décidé de vacciner les populations par la contrainte.

Les médias du monde entier ont adhéré à cette vision des choses imposée par de grands groupes industriels planétaires. Ils ont même décidé d'aller traquer la fausse info qui remettrait en cause leurs propres certitudes et leur totale omniscience.

Le 16 mai 2022, infodujour publiait un article intitulé « Les vaccins et rappels de moins en moins efficaces et de plus en plus nocifs ».

En nous appuyant sur plusieurs études, nous pouvions écrire que les affections cardiovasculaires directement liées aux effets secondaires des vaccins à ARNm étaient en forte progression.

« Une proportion croissante de décès liés à la COVID-19 surviennent parmi les vaccinés, selon une nouvelle analyse des données fédérales, explique ABC News dans un article du 11 mai[90]. En août 2021, environ 18,9 % des décès liés à la COVID-19 sont survenus parmi les personnes vaccinées. Six mois plus tard, en février 2022, ce pourcentage proportionnel de décès était passé à plus de 40 %.

---

[90] https://abcnews.go.com/Health/breakthrough-deaths-comprise-increasing-proportion-died-COVID-19/story?id=84627182

Comparativement, en septembre 2021, seulement 1,1 % des décès liés à la COVID-19 sont survenus chez les Américains qui avaient été complètement vaccinés et dopés avec leur première dose. En février 2022, ce pourcentage était passé à environ 25 %. »

En Israël qui se flatte d'être le pays le plus vacciné au monde, une étude publiée dans Nature[91] révèle « une augmentation des événements cardiovasculaires d'urgence dans la population des moins de 40 ans pendant le déploiement du vaccin et la troisième vague d'infection au SARS-CoV-2.»

Même constat au Royaume-Uni. « Les données officielles du gouvernement britannique suggèrent fortement que la population vaccinée contre le SARS-CoV-2 développe une nouvelle forme de syndrome d'immunodéficience acquise induite par le vaccin anti-COVID-19. Ce qui est inquiétant, c'est la chute de l'efficacité réelle du vaccin dans tous les groupes d'âge, mais surtout dans le groupe des 40-49 ans, qui est passé d'une efficacité réelle de moins 36 % à moins 109 %. »

Jean-Marc Sabatier expliquait dans un article pourquoi les vaccins sont nocifs : Les injections vaccinales répétées d'un même antigène, quel qu'il soit, (ici la protéine spike du SARS-CoV-2 produite par nos cellules suite à l'injection d'ARN messager), à des niveaux qui dépassent le seuil « critique », conduisent inévitablement à un dérèglement de l'immunité innée et à l'apparition de potentiels troubles auto-immuns. Ainsi, pour les vaccins anti-COVID-19 actuels, il existe au moins trois bonnes raisons scientifiques de ne pas procéder à des injections vaccinales multiples.

1- L'action directe et néfaste de la protéine spike sur l'immunité innée (via le système rénine-angiotensine suractivé),
2- La répétition des injections vaccinales qui dérègle aussi l'immunité innée de l'hôte.

---

[91] https://www.nature.com/articles/s41598-022-10928-z

3 - La toxicité potentielle directe des nanoparticules lipidiques ou adjuvants utilisés dans ces vaccins.

Pour lui, le SARS-CoV-2 – via la protéine spike – provoque des troubles de la coagulation sanguine, dont la thrombocytopénie (baisse du nombre de plaquettes sanguines qui aident le sang à coaguler). Ceci est dû à un phénomène appelé hémophagocytose qui survient lors du syndrome d'activation macrophagique induit par le virus ou la protéine spike vaccinale. Ce phénomène est aussi responsable de la lymphocytopénie (baisse du nombre de certains leucocytes : lymphocytes T auxiliaires et cytotoxiques, lymphocytes B, et cellules NK tueuses), d'un déficit en globules rouges, et d'une prolifération des granulocytes neutrophiles (cellules de l'immunité innée). Parallèlement, les macrophages hyper-réactifs produisent des cytokines pro-inflammatoires conduisant à un recrutement de plaquettes sanguines à l'origine de thromboses.

Comment expliquer cet aveuglement des scientifiques et des médecins et faut-il s'en inquiéter ? Réponse de Jean-Marc Sabatier : « À mon sens, de nombreux médecins ne se posent pas de questions et se reposent sur les recommandations émises par nos autorités sanitaires, tandis que les autorités sanitaires suivent les directives de l'État qui promeut sans réserve la vaccination (et les rappels) de la population. Ceci met en réel danger nos santés, et il est à craindre que l'on se dirige vers une catastrophe sanitaire dans un futur proche. Le principe de précaution n'est pas appliqué à ce jour, et on avance en direction du mur… Le choc pourrait être violent et il sera malheureusement impossible de revenir en arrière. Les dégâts sur la santé seront irréversibles. »

Cette mise en garde contre les vaccins et les rappels a fortement déplu. A qui ? A l'AFP, notamment, qui n'a pas admis que l'on remette en cause la sacro-sainte parole officielle sur les vaccins. L'Agence à laquelle s'abreuve de nombreux journaux dans le monde a consacré un long fact-checking à l'article d'infodujour.

Nous avons voulu vérifier à notre tour la fiabilité des donneurs de leçons. Pour savoir si ce que prétend le fact-checking de l'AFP Factuel[92] relève de la désinformation ou pas à propos de notre article.

Car, pour donner des leçons à un scientifique de la trempe de Jean-Marc Sabatier (il est docteur en Biologie Cellulaire et Microbiologie, notamment) et le prendre en défaut sur son terrain professionnel, encore faut-il être suffisamment trapu et solidement armé dans ces matières de l'infiniment petit pour aller chercher le ou les bons experts.

Est-ce le cas de notre fact-checker qui, soit dit en passant, est diplômé en… histoire ?

On peut en douter au vu des réponses que lui apporte ici Jean-Marc Sabatier.

Nous n'aurions certainement pas répondu aux trop nombreux donneurs de leçons qui nous entourent si, dans cette triste affaire, la vie et la santé de nous-même et de nos proches n'étaient en jeu.

Depuis plus de trois ans, des milliers d'hommes, de femmes, de jeunes sont frappés, du jour au lendemain, par un AVC, par une crise cardiaque, par des troubles de la vue, ou par la mort subite sur un stade de foot ou une piste de ski. La faute aux vaccins ? Peut-être. Peut-être pas. Mais la question mérite d'être posée et débattue.

« Le monde est dangereux à vivre, disait Albert Einstein, non pas tant à cause de ceux qui font le mal, qu'à cause de ceux qui regardent et laissent faire ».

Nous ne laisserons pas faire. Notre métier de journaliste et de scientifique nous impose de publier des informations sur les vaccins anti-COVID-19, même -et peut-être surtout- lorsqu'elles dérangent.

---

[92] https://factuel.afp.com/list/38329/all/all/all/11

Après les avoir dûment vérifiées, évidemment.

Sur quelles données expérimentales se fonde le rédacteur de l'AFP pour dire que certaines affirmations de notre article sont soit fausses soit infondées ?

Voyons cela de près.

**AFP Factuel** : Le vaccin « endommagerait le système immunitaire » : **faux**

**Jean-Marc Sabatier** : Les vaccins et rappels anti-COVID-19 altèrent (affaiblissent) le système immunitaire de l'hôte, car la protéine spike vaccinale est capable d'agir sur les cellules de l'immunité innée (via les récepteurs AT1R et Toll-like, notamment TLR4 et TLR2) et d'altérer leur fonctionnement.

La protéine spike (vaccinale ou virale) affecte aussi l'immunité adaptative/ acquise. Il existe ainsi une lymphocytopénie induite (liée au syndrome d'activation macrophagique et une hémo-phagocytose associée qui tue des lymphocytes T CD4+ auxiliaires et CD8+ cytotoxiques, les lymphocytes B et les cellules NK tueuses) conduisant à un syndrome d'immunodéficience acquise/induite.

Etudes : 1 ,2 , 3, 4, 5, 6, etc.

**AFP Factuel** : La vaccination serait directement responsable de « troubles de la coagulation » : **infondé**

**Jean-Marc Sabatier** : Les vaccins anti-COVID-19 peuvent agir sur la coagulation sanguine via la protéine spike vaccinale. La suractivation du système rénine-angiotensine médiée par la protéine spike virale ou vaccinale provoque une coagulopathie (thrombocytopénie correspondant à un déficit de plaquettes sanguines) via un phénomène bien connu appelé hémo-phagocytose, ou une hyper-coagulation (thrombose) via des cytokines pro-inflammatoires produites notamment par les macrophages hyper-réactifs lors du syndrome d'activation macrophagique.

La protéine spike vaccinale, en se fixant sur le récepteur ECA2 des cellules cibles (dont les cellules endothéliales des vaisseaux sanguins) affecte la déplétion (coagulopathie) ou le recrutement (thrombose) des thrombocytes impliqués dans les processus de la coagulation, via le syndrome d'activation macrophagique et le phénomène d'hémo-phagocytose résultant de la suractivation du récepteur AT1R du SRA.

Etudes : 7, 8, 9, 10, 11, 12, etc.

**AFP Factuel** : Les « anticorps facilitants », devenus « majoritaires » avec la vaccination, favoriseraient l'infection au SARS-CoV-2 : **infondé**

**Jean-Marc Sabatier** : Non, ceci est fondé : les « anticorps facilitants » deviennent majoritaires avec la vaccination et les rappels, favorisant l'infection de l'hôte au SARS-CoV-2. Ceci se traduit par un pic d'infection chez les personnes récemment injectées avec les vaccins anti-COVID-19, comme cela a été observé.

Pour information, de tels anticorps « facilitants » ont déjà été mis en évidence pour le SARS-CoV-2, contrairement à ce qui est mentionné par les « experts ».

Etudes 13, 14, 15, 16, 17, etc.

**AFP Factuel** : Une proportion croissante de décès liés à la COVID-19 [survient] parmi les vaccinés : **sorti de son contexte**

**Jean-Marc Sabatier** : Les vaccins anti-SARS-CoV-2 peuvent potentiellement induire des maladies de la COVID-19, car une certaine proportion de la protéine spike vaccinale peut se fixer sur le récepteur ECA2 (cible cellulaire du virus) et suractiver le système rénine-angiotensine (SRA), comme le fait le virus.

Ces vaccins peuvent donc présenter des effets indésirables multiples et variés, conduisant parfois à des décès.

Ces effets « délétères » des vaccins sont répertoriés sur certains sites spécialisés, dont le site VAERS (« Vaccine Adverse Event Reporting System »). Ceci est bien documenté à ce jour.

Le taux relatif de décès chez les vaccinés augmente significativement, et de manière non-proportionnelle au nombre de personnes vaccinées, ce qui est très inquiétant concernant la prétendue innocuité de ces vaccins.

**Précision** : Un syndrome d'immunodéficience acquise (SIDA) n'est pas une exclusivité du virus de l'immunodéficience humaine (VIH).

Il correspond formellement à une déficience du système immunitaire qui pourrait être induite par la protéine Spike virale ou vaccinale.

Etudes : 18, 19, 20, 21, 22, 23, etc.

**AFP Factuel** : La vitamine D constitue un traitement : **faux**

**Jean-Marc Sabatier** : La vitamine D est importante pour se protéger d'une infection au SARS-CoV-2, et constitue également un traitement pour éviter d'évoluer vers les formes graves de la COVID-19 lors d'une infection virale. De nombreuses études le démontrent à ce jour (y-compris l'essai de supplémentation en vitamine D piloté par mon collaborateur, le Dr. Cédric Annweiler, qui va être publié sous peu).

Etudes 24, 25, 26, 27, 28, 29, etc.

Le fact-checking, c'est-à-dire cette idée nouvelle d'aller vérifier les infos des autres médias, est une discipline rigoureuse qu'il convient de ne pas confier au premier venu.

Celui de l'AFP-Factuel censé enfoncer l'article d'infodujour était bidon.

Bidon et minable comme le sont de nombreux fact-checkings des journaux et des réseaux sociaux qui n'acceptent pas qu'une autre « vérité » que la leur soit proposée au public.

Parce que l'information, vraie ou fausse, c'est leur business.

En passant de l'ère artisanale à l'ère industrielle, le business de l'info a attiré les industriels de tout poil plus soucieux d'influence et de notoriété que d'éthique journalistique.

En France, la plupart des médias[93] appartiennent à des groupes industriels ou financiers et leur concentration pose de sérieux problèmes en termes de pluralité de la presse et donc de démocratie.

À tel point que le président de la République a demandé un rapport sur la désinformation et le complotisme au sociologue Gérald Bronner.

Intitulé « Les Lumières à l'ère numérique[94] » ce document élaboré par une commission d'universitaires, de juristes et de journalistes a été remis le 11 janvier à Emmanuel Macron.

Le gouvernement a également adopté en 2018 une loi relative à la manipulation de l'information en période électorale et créé, il y a quelques mois, une agence baptisée Viginum[95] pour protéger le débat démocratique des intrusions externes.

---

[93] https://www.acrimed.org/Medias-francais-qui-possede-quoi

[94] https://www.elysee.fr/emmanuel-macron/2022/01/11/remise-du-rapport-de-la-commission-bronner

[95] https://infodujour.fr/societe/54839-presidentielle-attention-viginum-vous-surveille

[96] https://www.publicsenat.fr/article/parlementaire/commission-d-enquete-sur-la-concentration-des-medias-bollore-arnaud-bouygues

Le Sénat, de son côté, a créé une commission d'enquête[96] pour évaluer l'impact des concentrations de presse sur la démocratie. Les grands patrons de presse sont auditionnés les uns après les autres au début du mois de janvier 2022.

Il est vrai que ces patrons de presse sont, avant tout, de grands industriels ou financiers (dont l'activité dépend des commandes de l'État pour beaucoup d'entre eux) qui ont acheté des journaux (papiers, audio-visuel, internet) pour asseoir leur notoriété.

Faut-il croire tout ce qui est écrit dans les journaux, ce que l'on entend à la radio, ce que l'on voit à la télé ? La question de l'éducation aux médias[97] est posée chaque année lors de la Semaine de la presse à l'école.

L'objectif est de former les jeunes à discerner le vrai du faux, à développer leur esprit critique, à devenir des cybercitoyens responsables.

Rappelons que la presse française est largement subventionnée par l'Etat[98]. Le montant des aides publiques s'élève à environ 400 M€ par an. Une manne indispensable à la survie de la presse en même temps qu'une tutelle à peine déguisée de l'État sur la ligne éditoriale et donc sur l'information de ces titres grassement subventionnés.

Si elle n'est plus un contre-pouvoir, la presse est donc devenue un relai du pouvoir. C'est bien utile en cette période de crise sanitaire.

Une étude bidon relayée par la presse voudrait nous faire croire que les vaccins à ARNm seraient sans danger pour les femmes enceintes. Il n'y aurait aucun risque de fausse couche ou de naissance prématurée avec les vaccins à ARN messager.

---

[97] https://infodujour.fr/education/13550-la-presse-a-lecole-mais-dou-vient-linfo

[98] https://www.vie-publique.fr/rapport/280466-rapport-sur-les-aides-la-presse-ecrite

[99] https://www.thelancet.com/journals/laninf/article/PIIS1473-3099(22)00426-1/fulltext

Regardons de plus près cette étrange étude publiée le 11 août 2022 dans The Lancet Infectious Diseases[99]. On y apprend d'emblée qu'il ne s'agit pas vraiment d'une étude scientifique, mais d'une sorte de sondage effectué par téléphone et par emails auprès de femmes de toutes les provinces du Canada. Ce sondage est financé par l'Institut de recherche en santé du Canada.

« Notre étude a porté sur un échantillon de 5 625 femmes enceintes vaccinées âgées de 15 à 49 ans et 339 femmes enceintes non vaccinées de même âge, écrivent les auteurs. Les deux vaccins à ARNm sont hautement immunogènes et efficaces pendant la grossesse. »

À la lecture de cet article, noyé sous un flot de chiffres et de références que l'on a du mal à suivre, on découvre que « l'étude » a débuté le… 22 décembre 2020 !

« Dans le cadre de cette analyse, les participantes vaccinées ont été interrogées par e-mail sur la survenue d'événements indésirables après la vaccination au cours des 7 jours suivant chaque dose de vaccin COVID-19.

Toutes les participantes ont été interrogées sur les réactions au site d'injection, mais seules celles qui ont indiqué avoir eu un événement de santé significatif ont été invitées à fournir des détails supplémentaires. Les participantes du groupe témoin ont été invitées à noter l'apparition de problèmes de santé au cours des 7 jours précédents, également par e-mail.

Nous avons effectué un suivi téléphonique pour les personnes ayant signalé un événement médical quelconque. Nous avons envoyé jusqu'à deux rappels automatiques toutes les 72 h pour tous les non-répondants afin de remédier à la perte de suivi. Les données de l'enquête ont été recueillies dans une base de données sécurisée. »

Après 7 jours de suivi, les auteurs de l'étude constatent que « les deux vaccins à ARNm sont hautement immunogènes et efficaces pendant la grossesse. »

C'est intellectuellement malhonnête.

Le plus surprenant, cependant, est la déclaration d'intérêts des auteurs.

On lit, à la fin de cet article du Lancet que : « MS a été chercheur sur des projets financés par GlaxoSmithKline, Merck, Moderna, Pfizer, Sanofi-Pasteur, Seqirus, Symvivo et VBI Vaccines. Tous les fonds ont été versés à son institut, et il n'a reçu aucun paiement personnel. OGV a été chercheur, co-chercheur ou expert dans des projets financés par GlaxoSmithKline, Merck, Pfizer et Seqirus, en dehors des travaux soumis. JDK a participé en tant que chercheur à des projets financés par GlaxoSmithKline, Merck, Moderna et Pfizer. Tous les fonds ont été versés à son institut, et il n'a reçu aucun paiement personnel. KAT a participé en tant que chercheur à des projets financés par GlaxoSmithKline. Tous les fonds ont été versés à son institut et elle n'a reçu aucun paiement personnel. JEI a participé en tant que chercheur à des projets financés par GlaxoSmithKline et Sanofi-Pasteur. Tous les fonds ont été versés à son institut et elle n'a reçu aucun paiement personnel. AJM a participé en tant que chercheur à des projets financés par GlaxoSmithKline, Merck, Pfizer, Sanofi-Pasteur et Seqirus, avec des fonds versés à son institut, et a reçu des honoraires pour sa participation à des conseils consultatifs d'AstraZeneca, GlaxoSmithKline, Medicago, Merck, Moderna, Pfizer, Sanofi-Pasteur et Seqirus, et pour des présentations d'AstraZeneca et Moderna. GDS a été chercheur dans le cadre d'un projet financé par Pfizer. Tous les fonds ont été versés à son institut, et il n'a reçu aucun paiement personnel. Tous les autres auteurs ne déclarent pas d'intérêts concurrents. »

Ces liens d'intérêts avoués entre les auteurs de l'étude et les groupes pharmaceutiques sont suffisants, à eux seuls, pour discréditer l'ensemble des résultats obtenus.

---

[100] https://contre-pouvoir.info/2022/03/les-risques-de-la-COVID-19-et-des-vaccins-sur-les-organes-sexuels-et-la-fertilite/

D'autant que, contrairement à ce que prétend cette « étude », les vaccins anti-COVID ne sont pas sans effet sur les organes sexuels et la sexualité[100], comme l'a démontré plusieurs fois Jean-Marc Sabatier. « Les femmes possèdent un SRA ovarien (appelé OVRAS) qui joue un rôle clé dans la physiologie des ovaires, et les maladies ovariennes associées. Le SRA ovarien a des effets majeurs sur le développement/atrésie des follicules, sur l'ovulation et la sécrétion d'hormones stéroïdiennes ; le SRA est ainsi nécessaire à une reproduction normale. En effet, les acteurs de ce SRA se retrouvent dans le follicule ovarien, les cellules pré-ovulatoires de la thèque et de la granulosa, ainsi que dans les cellules post-ovulatoires de la granulosa-lutéine.

Il est également impliqué dans la régulation de la stéroïdogenèse (synthèse des hormones stéroïdiennes, dont les hormones œstrogènes féminines). »

Le dysfonctionnement du SRA ovarien potentiellement induit par le SARS-CoV-2 peut donc affecter la maturation et l'ovulation des ovocytes (altération du cycle menstruel), et conduire à des dérèglements ou pathologies telles que l'infertilité, le cancer des ovaires, le syndrome des ovaires polykystiques, etc. La présence d'anticorps auto-immuns dirigés contre le récepteur AT1R peut se traduire par une infertilité.

Chez la femme, on peut ainsi observer (parallèlement aux autres pathologies COVID-19 potentielles) un dérèglement du cycle menstruel plus ou moins important et invalidant. La menstruation (règles) correspond à l'écoulement périodique par le vagin d'un fluide biologique constitué de sang, de sécrétions vaginales, et de cellules endométriales (paroi utérine).

Les règles correspondent à l'évacuation de la couche superficielle de la muqueuse de l'utérus (endomètre) qui s'était formée au cours du cycle menstruel pour accueillir un possible œuf fécondé.

En absence de fécondation, la surface de l'endomètre (qui est très vascularisée) est alors évacuée par le vagin sous forme d'un saignement.

Le virus SARS-CoV-2 se fixe (via sa protéine Spike) sur le récepteur ECA2 des cellules cibles. L'endomètre et le système vasculaire sont constitués de cellules épithéliales et endothéliales qui expriment -comme les ovaires ou les testicules- le récepteur ECA2 reconnu par la protéine Spike. Ceci montre que la protéine Spike (du virus SARS-CoV-2 ou vaccinale) peut agir directement sur l'endomètre et les vaisseaux sanguins associés. Le SARS-CoV-2 -via la protéine Spike- provoque des troubles de la coagulation sanguine, dont la thrombocytopénie (baisse du nombre de plaquettes sanguines qui aident le sang à coaguler).

Ainsi, le SARS-CoV-2 ou la protéine Spike vaccinale est directement responsable des troubles de la coagulation et menstruels parfois observés chez certaines personnes lors d'une infection virale au SARS-CoV-2 ou suite à une vaccination. En ce qui concerne les troubles menstruels liés à la vaccination, il faut mentionner l'avis contraire de l'Agence nationale de Sécurité du Médicament (ANSM), qui -dans un point de situation sur la surveillance des vaccins contre la COVID-19 publié le 21 décembre 2021- écrit : « A ce jour, les données disponibles ne permettent pas de déterminer le lien direct entre le vaccin et la survenue de ces troubles du cycle menstruel. Ces événements restent sous surveillance ».

En effet, plus récemment, en juillet 2022, une nouvelle étude américaine[101] confirme le lien direct qui existe entre vaccination et dérèglement du cycle des personnes menstruées. Cette étude, menée par Kathryn Clancy et Katharine Lee, deux chercheuses de la Washington University School of Medicine, s'appuie sur le témoignage de plus de 35.000 femmes. Comment peut-on encore douter ? Toutes les études relayées par la presse et les géants du numériques qui prétendent que les vaccins seraient sans danger pour les femmes enceintes sont bidonnées. A ce niveau, la désinformation devient criminelle. Et les médias complices du crime. Mais ils ne sont pas les seuls. Les hommes et les femmes politiques ont leur part de responsabilité.

---

[101] https://www.science.org/doi/10.1126/sciadv.abm7201

## Etudes


1 - https://www.sciencedirect.com/science/article/pii/S128645791300155X?via%3Dihub

2 - https://pubmed.ncbi.nlm.nih.gov/34957554/

3 - https://www.biorxiv.org/content/10.1101/2021.08.11.455921v1.full.pdf

4 - https://www.mdpi.com/1420-3049/26/22/6945/pdf

5 - https://www.mdpi.com/1420-3049/27/7/2048/htm

6 - https://journals.plos.org/plosone/article?id=10.1371/journal.pone.0008382

7 - https://www.biorxiv.org/content/10.1101/2020.07.29.227462v1.full.pdf

8 - https://pubmed.ncbi.nlm.nih.gov/34455073/

9 - https://www.biorxiv.org/content/10.1101/2021.10.12.464152v1

10 - https://www.jci.org/articles/view/150101

11 - https://www.medrxiv.org/content/10.1101/2021.10.11.21264863v1

12 - https://www.mdpi.com/1420-3049/26/22/6945/pdf

13 - https://pubmed.ncbi.nlm.nih.gov/35319248/

14 - https://pubmed.ncbi.nlm.nih.gov/35332252/

15 - https://pubmed.ncbi.nlm.nih.gov/35296418/

16 - https://pubmed.ncbi.nlm.nih.gov/34579572/

17 - https://pubmed.ncbi.nlm.nih.gov/33485405/

18 - https://pubmed.ncbi.nlm.nih.gov/34957554/

19 - https://www.mdpi.com/2076-393X/10/5/799

20 - https://pubmed.ncbi.nlm.nih.gov/34901098/

21 - https://pubmed.ncbi.nlm.nih.gov/34111775/

22 - https://www.ncbi.nlm.nih.gov/labs/pmc/articles/PMC8063912/

23 - https://www.ncbi.nlm.nih.gov/34330729

24 - https://journals.plos.org/plosone/article?id=10.1371/journal.pone.0263069

25 - https://pubmed.ncbi.nlm.nih.gov/32718670/

26 - https://pubmed.ncbi.nlm.nih.gov/33184146/

27 - https://pubmed.ncbi.nlm.nih.gov/34642923/

28 - http://doi.org/10.36118/pharmadvances.2021.01

29 - https://www.nature.com/articles/s41598-021-02701-5

# Chapitre 8

## L'embrouille européenne

Le 17 juin 2020, en pleine pandémie, l'Union européenne met en place une stratégie vaccinale contre la COVID-19[102]. Il s'agit d'assurer « une production suffisante de vaccins » aux Européens et « d'accélérer la mise au point, l'autorisation et la disponibilité de vaccins, dans le respect des normes de qualité, d'innocuité et d'efficacité applicables aux vaccins. »

Cette stratégie repose sur le principe du contrat d'achat anticipé (CAA). Autrement dit, il s'agit d'argent frais mis à disposition des laboratoires.

En contrepartie, ceux-ci s'engagent à livrer les doses nécessaires aux 27 Etats européens.

Ainsi, la Commission européenne a-t-elle signé des contrats avec sept laboratoires ou groupes pharmaceutiques, pour un total de 4,575 milliards de doses potentielles (pour 447 millions d'habitants dans les 27 Etats de l'UE). En voici le détail rappelé par le site toute l'Europe[103].

• 27 août 2020 : contrat avec AstraZeneca (dont le candidat vaccin est efficace à 70 %) pour 300 millions de doses (plus 100 millions de doses supplémentaires si besoin).

• 18 septembre 2020 : deuxième contrat avec Sanofi-GlaxoSmithKline (GSK) pour 300 millions de doses.

---

[102] https://eur-lex.europa.eu/legal-content/FRTXT/?qid=1597339415327&uri=CELEX:52020DC0245

[103] https://www.touteleurope.eu/societe/vaccins-contre-le-COVID-19-comment-l-ue-et-les-laboratoires-negocient-ils/

• 8 octobre 2020 : contrat avec Janssen Pharmaceutica, la filiale belge du laboratoire américain Johnson & Johnson pour 200 millions de doses, avec une éventuelle deuxième livraison de 200 millions de doses supplémentaires.

• 11 novembre 2020 : nouveau contrat avec Pfizer/BioNTech (candidat vaccin alors efficace à 95 % pour 200 millions de doses, plus 100 millions en option). Le 8 janvier, pour assurer l'approvisionnement des États membres, la Commission européenne précommande à nouveau 200 millions de doses, plus 100 millions optionnelles.

• 17 novembre 2020 : contrat avec le laboratoire allemand CureVac pour 235 millions de doses et jusqu'à 180 millions de doses additionnelles si besoin.

• 25 novembre 2020 : contrat avec l'Américain Moderna (dont les tests cliniques indiquent une efficacité à 94,5 %) pour 160 millions de doses.

• 20 mai 2021 : nouveau contrat avec Pfizer/BioNTech pour un stock supplémentaire de 1,8 milliard de doses pour les années 2022 et 2023.

• 4 août 2021 : nouveau contrat avec le laboratoire américain Novavax, pour un stock de 100 millions de doses, plus 100 millions supplémentaires.

A quels prix ? La Commission ne souhaite pas communiquer là-dessus.

On sait, depuis, que quatre vaccins seulement ont été autorisés sur le territoire européen : Pfizer/BioNTech, Moderna, AstraZeneca et Johnson & Johnson. Ils ont fait l'objet d'une autorisation de mise sur le marché conditionnelle (AMMC).

Quant aux négociations sur la responsabilité juridique en cas d'effets secondaires de ces vaccins, c'est le grand flou. Les grands laboratoires ont refusé d'endosser toute responsabilité liée aux effets délétères de leurs propres vaccins.

L'Europe n'est pas davantage responsable de phénomènes qu'elle ne contrôle pas. Les recours juridiques, en cas de futur scandale sanitaire, seront donc difficiles.

En attendant, grâce aux contrats d'achat anticipé avec différents fabricants, la Commission a pu acheter un grand nombre de doses dans un délai raisonnable et à un prix donné. En contrepartie, l'Europe a financé une partie des coûts de fabrication de ces vaccins pour un montant de 2,7 milliards d'euros. Ce financement étant considéré comme un acompte sur les vaccins que les États membres achètent.

« La Commission a délivré six autorisations de mise sur le marché conditionnelle pour les vaccins mis au point par BioNTech et Pfizer[104], Moderna[105], AstraZeneca[106], Janssen Pharmaceutica SA[107], Novavax[108] et Valneva[109], à la suite de l'évaluation positive de l'Agence européenne des médicaments (EMA) concernant leur innocuité et leur efficacité. Plusieurs autres vaccins se trouvent à différents stades de leur évaluation par l'EMA » souligne la Commission.

Dix mois plus tard, en avril 2021, la Commission européenne[110] est sous le feu des critiques. Sa présidente Ursula von der Leyen[111] jure pourtant se démener pour dénicher des doses.

---

[104] https://www.ema.europa.eu/en/news/ema-receives-application-conditional-marketing-authorisation-COVID-19-mrna-vaccine-bnt162b2

[105] https://ec.europa.eu/commission/presscorner/detail/en/ip_21_3

[106] https://ec.europa.eu/commission/presscorner/detail/en/ip_21_306

[107] https://ec.europa.eu/commission/presscorner/detail/en/ip_21_1085

[108] https://ec.europa.eu/commission/presscorner/detail/en/ip_21_6966

[109] https://www.ema.europa.eu/en/news/ema-recommends-valnevas-COVID-19-vaccine-authorisation-eu

[110] https://www.ouest-france.fr/europe/ue/

[111] https://www.ouest-france.fr/europe/ue/ursula-von-der-leyen/

Pour preuve, confie-t-elle au New York Times, elle échange des SMS en direct avec Albert Bourla, patron de la société américaine Pfizer. En jeu, l'achat de 1,8 milliard de doses. Le prix n'est pas révélé. Mais des indiscrétions révèleront que chaque dose est achetée entre 15 € et 19,50 € l'unité. Cela représente beaucoup, beaucoup d'argent.

Un journaliste allemand, Alexander Fanta, qui travaille à Bruxelles pour le site allemand d'informations sur la technologie netzpolitik.org, s'intéresse à ce juteux contrat. Il souhaite avoir accès aux documents. Il obtiendra bien un communiqué de presse, sans grand intérêt, mais pas de documents concernant les tractations financières.

Le journaliste révèle dans son article[112] que le géant pharmaceutique Pfizer est devenu le principal fournisseur de la Commission. Et que les négociations se sont déroulées en direct, par SMS et par téléphone, entre la présidente Ursula von der Leyen et le directeur général de Pfizer, Albert Bourla.

**Y a-t-il eu des commissions occultes ?**

Mais la Commission ne veut lui révéler ni le prix de livraison ni les clauses de responsabilités. Le journaliste se tourne alors vers la médiatrice européenne, Emily O'Reilly qui, au nom de la transparence, demande à la Commission de fournir au journaliste allemand les textos échangés avec le directeur général de Pfizer. Nouveau refus, la Commission considérant que les SMS ne sont pas des « documents », au sens de la loi.

L'eurodéputé Vert Daniel Freund, ex-représentant de l'ONG Transparency International sur l'intégrité des institutions de l'UE, considère, lui, que ces messages doivent être soumis aux règles de la liberté d'information. Sinon, dit-il, il faut les interdire pour la communication officielle.

---

[[112]] https://netzpolitik.org/2022/nach-netzpolitik-org-beschwerde-ombudsfrau-wirft-eu-kommission-fehlverhalten-vor/

Que contiennent ces fameux échanges ? Sont-ils si compromettants pour Ursula von der Leyen qu'elle ait décidé de ne pas les révéler voire de les supprimer ? On ne sait pas. En tout cas, les cachotteries de la présidente de la Commission européenne rappellent que, lorsqu'elle était ministre de la Défense en Allemagne, Madame Von der Leyen avait pris la précaution de « nettoyer » son téléphone avant de partir pour Bruxelles, évitant ainsi de laisser des traces éventuellement gênantes sur les 200 millions d'euros de contrats passés par son ministère, contrats qui intriguaient beaucoup la commission d'enquête du Bundestag.

L'affaire des SMS devient vraiment gênante. On savait que l'Union européenne n'était pas un exemple de démocratie. On sait désormais que certaines de ses décisions sont d'une opacité totale, pour ne pas dire plus.

Le 16 septembre 2021, Emily O'Reilly, médiatrice de l'Union Européenne adresse un courrier à la présidente de la Commission pour lui demander quelques explications sur les messages qu'elle a échangés avec le patron de Pfizer.

« J'ai reçu une plainte de X contre la Commission européenne. Elle concerne l'accès du public aux messages "textos" relatifs à la conclusion d'un accord d'achat pour un vaccin COVID-19 au début de cette année, comme l'a rapporté le New York Times. En cas de refus d'accès du public aux documents en vertu du règlement 1049/2001, les demandeurs peuvent se tourner vers le Médiateur. Dans ce contexte, j'ouvre une enquête sur cette plainte (...) Je serais reconnaissante aux représentants de la Commission concernés de bien vouloir contacter Mme Michaela Gehring qui est l'enquêtrice chargée de cette enquête, afin de convenir des modalités de la réunion qui doit avoir lieu avant le 8 octobre 2021, si possible. »

A cette date, la Commission européenne a engagé près de trois milliards d'euros pour réserver 4,5 milliards de doses de vaccins auprès de six laboratoires.

Pourquoi Von der Leyen négocie-t-elle en direct avec le labo Pfizer ? Pourquoi ne veut-elle pas révéler le contenu de leurs échanges ? Y a-t-il eu des commissions, comme c'est l'usage dans ce type de transactions ? Si oui, combien ? Et qui les a perçues ?

Ces questions viennent d'autant plus facilement à l'esprit que l'on sait que les laboratoires Pfizer ne sont pas exempts de reproches.

Libération rappelle que « la base de données Violation Tracker, de l'organisation américaine Good Jobs First, recense le comportement répréhensible des entreprises. Sa fiche dédiée à l'entreprise Pfizer[113] indique un total de pénalités supérieur à 10 milliards de dollars de 2000 à 2019 pour le groupe et l'ensemble de ses filiales. »

Libé précise : « L'entreprise a ainsi dû verser des millions de dollars d'amende pour des valves cardiaques défectueuses, pour la surfacturation de ses médicaments, pour des déclarations fausses ou trompeuses sur ses produits, pour non-respect de l'environnement ou des droits humains (en testant des antibiotiques sur des enfants au Nigeria, sans l'accord de leurs parents[114]) mais surtout pour la promotion de ses médicaments pour des utilisations non approuvées par la Food and Drug Administration, l'organisme américain qui autorise la mise sur le marché de nouveaux médicaments. »

Le halo de mystère qui entoure l'achat des vaccins Pfizer dont parlent abondamment les médias aura pour effet de faire connaître la présidente de la Commission européenne au grand public.

Ursula von der Leyen, a été « proposée » par les dirigeants des États membres, et elle a été élue présidente de la Commission par le Parlement européen le 16 juillet 2019 (383 voix sur 747, soit 51,3 %).

---

[113] https://violationtracker.goodjobsfirst.org/prog.php?parent=pfizer

[114] https://www.thelancet.com/pdfs/journals/lancet/PIIS0140-6736(01)06011-1.pdf

C'est Emmanuel Macron qui a « suggérée » cette candidate à Angela Merkel pour succéder au Luxembourgeois Jean-Claude Junker. Mais, au moment du vote, la chancelière s'est abstenue de voter pour sa compatriote, membre comme elle du parti chrétien-démocrate. Allez savoir pourquoi.

Lorsqu'elle prend officiellement ses fonctions de présidente de la Commission pour les cinq prochaines années, le 1er décembre 2019, Ursula von der Leyen a déjà une carrière politique bien remplie derrière elle. Elue députée CDU de Basse-Saxe en 2003, elle fut ministre fédérale de la Famille puis ministre du Travail et enfin ministre de la Défense.

Mais elle reste une inconnue pour la majorité des Européens. Descendant d'une grande famille de la bourgeoisie hanséatique, nous dit sa biographie sur Wikipédia[115] Ursula Albrecht est née en 1958 à Ixelles, en Belgique, où son père était alors fonctionnaire européen. Elle vit son enfance en Belgique et fréquente l'école européenne, grâce à quoi elle sera parfaitement bilingue allemand-français.

A 13 ans, elle quitte la Belgique pour l'Allemagne où son père est nommé PDG de l'entreprise alimentaire Bahlsen. Il mènera ensuite une belle carrière politique. Après son Abitur en 1976, elle étudie les sciences économiques à l'université de Göttingen puis de Münster avant de partir pour Londres où elle fréquente la London School of Economics (LSE).

Elle se fait appeler Rose Ladson, du nom de son arrière-grand-mère, une américaine appartenant à l'aristocratie de la Caroline du Sud.

Pourquoi ce changement de nom ? Parce que durant ces « années de plomb », des groupes terroristes s'en prennent aux personnalités politiques. Or son père, Ernst Albrecht, jouit à ce moment-là une grande notoriété en Allemagne. Il est ministre-président de Basse-Saxe.

---

[[115]] https://fr.wikipedia.org/wiki/Ursula_von_der_Leyen

La Fraction Armée Rouge, organisation terroriste de gauche, aurait envisagé d'enlever sa fille, Ursula. Celle-ci vivra à Londres sous la protection de la police britannique.

Après des études économiques (1978), Ursula Albrecht entreprend des études médicales et devient docteur en médecine en 1991. Pourtant, elle n'exerce pas puisque l'année suivante elle part pour les Etats-Unis où elle suit pendant quatre ans des cours d'économie à l'université de Stanford.

Cette période reste cependant un peu énigmatique car la presse émet des doutes sur sa scolarité en Amérique du Nord.

**L'étrange Dr Heiko von der Leyen**

En 1986 Ursula Albrecht épouse le médecin Heiko von der Leyen dont la famille a fait fortune dans le commerce de la soie. Ils auront sept enfants.

Le Dr Heiko von der Leyen, a étudié dans différentes universités allemandes mais aussi à Stanford, aux Etats-Unis. Professeur de médecine à la faculté de Hanovre en 2002, il deviendra trois ans plus tard directeur du Hannover Clinical Trial Center GmbH.

Lorsque son épouse devient présidente de la Commission européenne, en juillet 2019, Heiko von der Leyen a, lui aussi, des ambitions. En décembre 2020 il est bombardé Medical Director de Orgenesis Inc. l'une des plus grandes entreprises de Big Pharma aux Etats-Unis. Il était déjà conseiller scientifique de cette société de biotechnologie qui développe des thérapies cellulaires et géniques. Mais surtout, l'entreprise est spécialisée notamment dans la technologie de l'ARN messager dédié à la recherche sur les cancers.

A compter de 2020, Orgenesis investit dans le développement de différents produits pharmaceutiques dans le cadre de la pandémie de COVID-19 et oriente ses recherches sur l'antigène du SARS-CoV-2.

Curieusement, l'affaire des SMS échangés entre la présidente de la Commission européenne et le patron de Pfizer date de cette période. Et le 8 mai 2021, Ursula von der Leyen signe avec Pfizer le marché du siècle pour l'achat de 1,8 million de doses pour 36 milliards de dollars, soit 20 € la dose de vaccin.

Faut-il voir un conflit d'intérêts entre la nomination du Dr Heiko von der Leyen au conseil d'administration d'Orgenesis Inc. et l'achat groupé des vaccins auprès de Pfizer ? Tout au plus il s'agit d'une affaire de gros sous et de copinage à l'échelle mondiale. Rien de plus.

Bref, les contrats signés entre la Commission européenne et les labos pharmaceutiques passés au mépris des procédures d'appel d'offres, restent entourés d'un grand flou. Au nom du sacro-saint secret des affaires sans doute, on ne sait rien des brevets déposés par les labos.

Pourtant, certains pays s'inquiètent de ces pratiques anti-démocratiques de l'Europe. En Roumanie, par exemple, la Direction nationale anticorruption[116] (DNA) a ouvert des enquêtes liées aux circonstances dans lesquelles Bucarest a acheté ses vaccins anti-COVID.

L'eurodéputée française Michèle Rivasi s'offusque de cette opacité des institutions européennes : « Mon travail à la commission de contrôle budgétaire du Parlement, c'est de contrôler ce qu'on fait de l'argent public. S'il n'y a pas la transparence des contrats, je ne peux pas faire mon boulot, constate l'élue écologiste. Je suis une marionnette ! »

Quant à Manon Aubry, élue de la France insoumise, elle tape encore plus fort : « La stratégie de l'Europe sur les vaccins est un vrai fiasco, dit-elle.

L'Union européenne s'est couchée devant les laboratoires pharmaceutiques.

---

[116] https://greatgameindia.com/romania-shutsdown-vaccine-centers/

On est capable d'imposer à tous les citoyen une restriction inédite de libertés mais on est incapable de fixer des règles aux big pharma. »

Quelques mois plus tard, le 10 octobre 2022 c'est une véritable bombe qui éclate à Bruxelles. La commission spéciale du Parlement sur la COVID-19 (COVI) mène un nouvel échange avec cinq représentants de l'industrie pharmaceutique : Janine Small, Présidente des marchés internationaux développés de Pfizer, le Dr Franz-Werner Haas, PDG de CureVac, Stanley Erck, PDG de Novavax, Roger Connor, Président des vaccins mondiaux, Glaxo Smith Kline et Carlos Montañés, vice-président exécutif chez HIPRA.

Le patron de Pfizer, Albert Bourla, lui, s'était fait porter pâle.

Ce 10 octobre donc, lors d'un échange entre les eurodéputés et les représentants des labos pharmaceutiques, Robert Roos, député néerlandais, interpelle Janine Small, représentante Pfizer :

« J'ai une courte question pour vous, pour laquelle j'aimerais une réponse claire, dit-il. Je vais parler en anglais pour qu'il n'y ait pas de malentendu. Est-ce que l'efficacité du vaccin contre la COVID de Pfizer pour réduire la transmission a été testée avant sa mise en marché ? »

Réponse embarrassée de Mme Small : « En ce qui concerne la question de savoir si nous étions au courant que le vaccin empêchait la transmission du virus avant son entrée en marché, non, répond Mme Small en souriant. Vous savez, nous devions aller à la vitesse de la science pour vraiment comprendre ce qui se passait dans le marché. »

Boum !

Pfizer ne pouvait pas savoir si, grâce au vaccin anti-COVID, le virus se transmettait ou non. On sait, depuis, que le vaccin n'empêche pas la transmission de l'infection.

Ainsi, toutes les campagnes de vaccinations étaient fondées sur un très gros mensonge.

Rappelons que l'Europe a acheté 4,6 milliards de doses de vaccins à huit laboratoires pharmaceutiques.Plus de la moitié ont été négociés en direct par la présidente de la Commission européenne, Ursula von der Leyen avec le PDG de Pfizer, Albert Bourla.

La vaccination contre la COVID-19 a débuté le 27 décembre 2020 dans l'ensemble de l'Union européenne. En juin 2022, 86 % de la population adulte de l'UE était pleinement vaccinée.

Cette efficacité vaccinale est due aux nombreuses campagnes de vaccination, notamment avec le vaccin Pfizer le plus répandu en Europe, et en France notamment.

« Faites-vous vacciner ! C'est la seule façon de vous protéger et de protéger les autres » insistaient les autorités sanitaires et politiques. « Tous vaccinés, tous protégés » répétaient à l'envie Jean Castex, Premier ministre, Olivier Véran, ministre de la Santé, les médecins et les « experts » de la télé.Convaincues par ce slogan accrocheur, des dizaines de millions de personnes sont allées se faire vacciner.
Elles ont été dupées.

Dans son discours du 12 juillet 2021 (à partir de la cinquième minute)[117], le président Macron annonçait le pass sanitaire : « Tous les vaccins disponibles en France nous protègent solidement contre ce variant delta : ils divisent par 12 son pouvoir de contamination et évitent 95% des formes graves.

L'équation est simple : plus nous vaccinerons, moins nous laisserons d'espace au virus pour se diffuser, plus nous éviterons les hospitalisations.

---

[117] https://infodujour.fr/societe/50962-mesures-macron-ca-passe-ou-ca-casse

Faites-vous vacciner ! C'est la seule façon de vous protéger et de protéger les autres ». Nous savons désormais, grâce à l'aveu de Pfizer du 10 octobre 2022 au Parlement européen, aveu confirmé par Albert Bourla lui-même un peu plus tard, que le pass sanitaire n'a servi à rien d'un point de vue sanitaire, sinon à « emmerder » les Français pour pasticher le président de la République.

Nous savons aussi que près de 15.000 soignants, médecins, infirmières, kinés, etc. et autres sapeurs-pompiers de ce pays ont été « suspendus » et privés de leurs salaires brutalement, sur la base d'informations mensongères.

Qui leur rendra leur honneur, qui paiera leur immense préjudice moral et matériel ? Emmanuel Macron ? Jean Castex ? Olivier Véran ? A moins que ce ne soit Ursula von der Leyen ?

14 octobre 2022 : Ça chauffe encore au Parlement européen. Le député européen croate, Mislav KOLAKUŠIĆ, n'y va pas par quatre chemins : « La commission européenne doit immédiatement résilier les contrats pour de nouvelles doses de faux vaccins contre la COVID et exiger le remboursement des 2,5 Mds d'€ déjà payés. Tous ceux qui ont menti sur le vaccin devront être tenus pour responsables. »

Le député croate explique : « Ces deux derniers jours, des centaines de millions de personnes à travers le monde ont vu sur les réseaux sociaux la réponse du directeur de Pfizer à la question de mon collège Rob Ross : le vaccin a-t-il été testé sur sa capacité à prévenir la transmission du virus ? La réponse fut sans équivoque : aucun test de cette nature n'a été diligenté, aucun test portant sur la transmission du virus n'a été fait, à aucun moment. De plus, selon les données actuellement disponibles, et particulièrement celles de l'Agence de Santé Britannique qui tient scrupuleusement les statistiques du nombre de malades, d'hospitalisés et de décès selon le statut vaccinal des patients, à savoir 1, 2, 3 ou 4 doses ou non vacciné, il est indéniable qu'il n'existe aucune différence statistique du nombre d'infections, de malades ou de décès COVID d'un statut vaccinal à l'autre, que le patient soit vacciné ou non.

Cela étant, il est indispensable que nous rompions immédiatement ces contrats pour la fourniture de doses supplémentaires, considérant que de faux vaccins nous ont été vendus. Les 2,5 milliards d'euros déjà versés devront être remboursés. Et Pfizer et les autres entreprises devront être poursuivis, sans quoi nous serions complices des crimes, d'obtention et de promotion de fausse médecine. Mais aussi de nuire au budget européen à hauteur de 71 milliards d'euros que Von der Leyen s'est engagée à payer aux entreprises pharmaceutiques en nos noms. Ma question : Quand allons-nous rompre ces contrats ? »

La question est d'autant plus pertinente que les grands laboratoires pharmaceutiques engrangent des sommes colossales grâce à ces faux vaccins et qu'ils ne sont pas exempts de reproches sur la qualité des médicaments qu'ils fabriquent et qu'ils ont fabriqués dans le passé.

# Chapitre 9

## Des histoires de gros sous

Les laboratoires pharmaceutiques qui ont conçu et vendent leurs vaccins anti-COVID ne sont pas, loin s'en faut, des sociétés philanthropiques. People's Vaccine Alliance[118], une ONG qui regroupe une centaine d'associations et de réseaux dans le monde, plaide pour un vaccin anti-COVID disponible gratuitement partout pour mettre fin « à l'apartheid vaccinal ».

Cette association a calculé les sommes phénoménales engrangées par les principaux laboratoires producteurs de vaccins. Et révèle, le 6 novembre 2022, que les entreprises à l'origine de deux des vaccins COVID les plus performants – Pfizer/BioNTech et Moderna - réalisent des bénéfices combinés de 65 000 dollars par minute ! Ces chiffres sont basés sur les derniers rapports des entreprises. En 2022, Pfizer aura réalisé un C.A. de plus de 100 milliards de dollars.

« Ces entreprises ont vendu la majorité des doses [de vaccins] aux pays riches, laissant les pays à faible revenu sur le carreau, écrit l'Alliance People's Vaccine. Pfizer et BioNtech ont livré moins d'un pour cent de leurs stocks totaux de vaccins aux pays à faible revenu, tandis que Moderna n'a livré que 0,2 pour cent. Entre-temps, 98 % des habitants des pays à faible revenu n'ont pas été entièrement vaccinés. »

Sur la base des états financiers des sociétés, l'Alliance estime que « Pfizer, BioNTech et Moderna réaliseront, à elles trois, des bénéfices avant impôts de 34 milliards de dollars cette année, soit plus de mille dollars par seconde, 65 000 dollars par minute ou 93,5 millions de dollars par jour.

---

[[117]] https://infodujour.fr/societe/50962-mesures-macron-ca-passe-ou-ca-casse

Les monopoles détenus par ces entreprises ont produit cinq nouveaux milliardaires pendant la pandémie, avec une richesse nette combinée de 35,1 milliards de dollars. »

Et ce n'est pas fini. Quand on tient une telle poule aux œufs d'or, pas question de la tuer. Faut bien protéger les populations de la pandémie, non ? Ainsi, tous les labos se projettent sur 2023 et 2024.

Moderna, par exemple qui jusqu'à l'apparition du SARS-CoV-2 fin 2019, avait ses comptes dans le rouge, s'est rapidement refait une santé financière grâce à la vente de son vaccin ARNm : plus 12,2 milliards de dollars en 2021 ! Moderna teste désormais cette technologie ARNm sur 44 programmes différents visant à traiter de nombreuses maladies.

Quant à la société Pfizer, elle va continuer à vendre son vaccin et sa pilule contre la COVID qui a déjà raflé 70% de parts de marché aux Etats-Unis et en Europe, selon son PDG, Albert Bourla.

Elle va continuer, dans les prochaines années avec un sérum de nouvelle génération, mieux adapté à lutter contre les nouveaux variants et un vaccin spécifique pour les enfants âgés de 2 à 4 ans !

**Santé, médocs et corruption**

La pandémie est donc une aubaine financière pour Big Pharma, comme la presse aime appeler ces mastodontes de la pharmacie. Même s'il existe de nombreuses entreprises, le marché mondial est dominé par dix grands groupes pharmaceutiques : cinq sont américains (AbbVie, Bristol Meyers, Johnson & Johnson, Merck et Pfizer), deux sont suisses (Novartis et Roche), un est britannique (GlaxoSmithKline), un est français (Sanofi) et un est japonais (Takeda).

Ensemble, ils emploient 800 000 salariés dans le monde.

Le marché du médicament représentait 1 203 milliards de dollars en 2020, en croissance de +8% par rapport à 2019 précise le LEM[118] (Les entreprises du médicaments).

Le marché américain (Etats-Unis) reste le plus important, avec 46 % des ventes mondiales, loin devant les principaux marchés européens (Allemagne, France, Italie, Royaume-Uni et Espagne), qui réalisent 15,5 % de parts de marché, le Japon (6,6 %) et les pays émergents (Chine et Brésil) 9,8 %.

L'Europe comptait pour 24% du marché pharmaceutique mondial. La France demeure le deuxième marché européen derrière l'Allemagne. Toutefois, elle voit sa part de marché reculer de 2,2 points en dix ans.

La production et la commercialisation des médicaments sont soumises à des règlementation très strictes. Pas question de vendre n'importe quelle drogue. Cependant, les scandales sanitaires ne sont pas si rares.

Tout le monde se souvient du Médiator des laboratoires Servier[119], retiré du marché trente ans après sa mise en vente; ou de la Dépakine, antiépileptique de Sanofi[120] prescrit à des femmes enceintes et responsable de troubles physiques et moteurs chez des milliers d'enfants. Et tant d'autres depuis le sang contaminé, le Distilbène, une hormone de synthèse prescrite en France de 1950 à 1977 aux femmes enceintes, notamment pour prévenir les fausses couches, les prothèses mammaires de la société Poly Implant Prothèse (PIP) ont été retirées du marché en mars 2010, etc.

Les géants pharmaceutiques ont été condamnés à de lourdes peines judiciaires dans le passé.

---

[[118]] https://www.leem.org/marche-mondial

[[119]] https://www.lemonde.fr/proces-du-mediator/

[[120]] https://www.lemonde.fr/sante/article/2018/06/22/une-etude-confirme-l-ampleur-des-degats-causes-par-la-depakine_5319657_1651302.html

« Des associations américaines, comme les organismes de surveillance Public Citizen ou Good Jobs First ont compilé les condamnations de différents groupes pharmaceutiques, rappelle Libération, le 6 janvier 2022[121].

Dans son rapport de 2018, Public Citizen citait déjà le groupe britannique GFK parmi les plus condamnés, ajoutant également les noms de Johnson & Johnson[122], Teva, Merck[123], Abbott, Eli Lilly, Schering-Plough, Novartis, Mylan et AstraZeneca[124] parmi les entreprises « qui ont payé plus d'un milliard de dollars de pénalités financières de 1991 à 2017.»

Mais la condamnation la plus lourde, celle qui bat tous les records dans le domaine de la santé, est incontestablement celle infligée en 2009 à Pfizer : une amende de 2,3 milliards de dollars. Il s'agit en fait d'un accord passé avec la justice américaine après les plaintes, au pénal et au civil, déposées pour « des pratiques commerciales frauduleuses » concernant l'anti-inflammatoire Bextra. Cette molécule avait été retiré du marché en 2005, en raison de ses effets secondaires graves, notamment cardiaques. Selon les plaignants, Pfizer « a fait la promotion du Bextra pour plusieurs usages et dosages que la Food and Drug Administration (FDA) avait refusé de valider en raison de doutes sur les risques » associés à cet anti-inflammatoire.

Le fabricant du viagra et sa filiale concernée, Pharmacia & Upjohn Company, ont dû verser 1,3 milliard de dollars pour solder le volet pénal de l'affaire.

---

[[121]] https://www.liberation.fr/checknews/le-groupe-pfizer-a-t-il-ete-condamne-par-le-passe-a-des-milliards-de-dollars-damendes-20220106_RP6Q4O5BKBFUBAGN2DI3SCYN3I/

[[121]] https://www.liberation.fr/societe/sante/vaccin-johnson-risque-accru-de-developper-le-syndrome-de-guillain-barre-20210713_47IDGZKKC5HF5A737XW5OS6
SBA/

[[123]] https://www.liberation.fr/societe/sante/un-accord-trouve-pour-permettre-un-acces-mondial-a-la-pilule-anti-COVID-de-merck-20211027_V6YUFQJFRNHWNHJ3EWQLF7U35A/

[[124]] https://www.liberation.fr/checknews/que-sont-devenues-les-millions-de-doses-non-utilisees-du-vaccin-astrazeneca-20211218_LRNKDBINXBAUVC5OPNBBRAASTI/

Mais Pfizer a dû payer aussi 1 milliard de dollars pour le volet civil concernant la fraude à l'assurance-maladie et les commissions occultes versées à des prestataires de santé pour les inciter à prescrire quatre médicaments : le Bextra, l'antipsychotique Geodon, l'antibiotique Zyvox et l'antiépileptique Lyrica.

Le Bureau of Investigative Journalism créé à Londres par un ancien journaliste, David Potter, accuse le laboratoire Pfizer d'avoir manié « l'intimidation » et le « harcèlement de haut niveau » dans ses négociations avec des pays d'Amérique latine en 2021. Pfizer aurait exigé de l'Argentine et du Brésil, en contrepartie de la livraison de vaccins, qu'ils mettent en gage des actifs souverains, dont des bases militaires et des réserves de leurs banques centrales, en garantie de potentiels frais juridiques futurs.

Le laboratoire souhaite se dégager de toute responsabilité en cas d'effets nocifs du vaccin même en cas de négligence, de fraude ou de malveillance et faire payer aux États l'indemnisation des éventuelles victimes.

En 2012, Pfizer fut condamné à une amende de 60 millions de dollars pour la corruption de médecins et de représentants de gouvernement, afin d'y accroître ses affaires et ses ventes, au début des années 2000. La condamnation porte sur des pots-de-vin en Chine, République tchèque, Italie, Serbie, Bulgarie, Croatie, Kazakhstan et Russie.

En 2015, Pfizer est visé par une enquête pour corruption en Chine. La firme est condamnée à une amende de 15 570 dollars et à la confiscation de 468 000 dollars. En 2020, une nouvelle enquête est ouverte pour des faits similaires.

L'Europe n'est pas à l'abri du lobbying des industriels du médicament. La commission européenne a accepté la confidentialité absolue sur les aides accordées pour la recherche et sur le coût des achats de vaccins contre la COVID-19.

Selon la presse belge, l'un des sept super négociateurs choisis par la Suède n'était autre que Richard Bergström, ancien directeur de la Fédération européenne des associations et industries pharmaceutiques, le principal lobby de Big Pharma en Europe.

Plus de 7 milliards d'euros ont été versés entre 2017 et 2019 par l'industrie pharmaceutique aux professionnels de santé de onze pays européens. Selon Pierre-Alain Jachiet et Luc Martinon, les informaticiens à l'origine du projet Eurosfordocs[125] base de données sur les liens entre industrie pharmaceutique et professionnels de santé. « Tout démontre que l'influence de l'industrie pharmaceutique sur les médecins, les institutions politiques et les processus de réglementation est pernicieuse. La pression des médias et des citoyens est la seule solution pour faire changer les mentalités[126]. »

Ces activités de lobbying se traduisent par des « campagnes de communication, des conférences et sommets dans lesquels s'expriment de nombreux « experts » proches de leurs intérêts, des expositions au sein du Parlement sur le thème « libérer les remèdes de demain » ou encore par la rédaction de rapports destinés aux élus. »

Les industriels et leurs syndicats professionnels (Fédération européenne des associations et industries pharmaceutiques[127] -EFPIA-, European Biopharmaceutical Enterprises et Vaccines Europe[128]) organisent des réunions avec les membres les plus haut placés du Parlement européen (respectivement 112 et 42 réunions en 2019). Ils ont aussi des conseillers auprès de la Commission, leur permettant d'influencer les législateurs.

---

[125] https://www.eurosfordocs.fr/

[126] https://fr.wikipedia.org/wiki/Lobby_pharmaceutique

[127] https://fr.wikipedia.org/wiki/F%C3%A9d%C3%A9ration_europ%C3%A9enne_des_associations_et_industries_pharmaceutiques

[128] https://fr.wikipedia.org/wiki/Vaccines_Europe

En France, le conseil scientifique COVID-19 a été mis en place le 11 mars 2020 pour « pour éclairer la décision publique dans la gestion de la situation sanitaire liée au coronavirus ». Présidé par le professeur Jean-François Delfraissy, ce comité compte dix autres experts de différentes disciplines. Le Pr Didier Raoult a été membre de ce comité du 12 au 16 mars 2020 mais n'a pas participé aux avis rendus durant cette période.

Alors que l'objectif du comité est d'être « totalement indépendant », plusieurs médecins parmi ses membres se sont vu verser personnellement plus de 250 000 € de 2014 à 2019 par différents laboratoires pharmaceutiques en rémunération de différentes interventions (conférences...). Seuls Arnaud Fontanet et Didier Raoult parmi les huit médecins initialement présents au comité n'ont perçu aucune rémunération sur cette période d'après la base Transparence Santé[129].

Les vaccins anti-COVID-19 feront-ils partie, un jour, de ces scandales sanitaires ?

**La corruption dénoncée par des scientifiques**

La réponse semble évidente pour de nombreux scientifiques réunis au sein de l'International COVID Summit[130] (Sommet International COVID), réuni pour la première fois à Rome en septembre 2021 puis en avril et mai 2022 à Marseille (13) et à Massy (91). Ces quelques milliers de médecins et de chercheurs s'opposent aux vaccins anti-COVID, comme le Dr Robert Malone, biologiste moléculaire américain qui a travaillé sur l'ARN messager dans les années 1980.

Voici l'essentiel de sa déclaration en date du 11 mai 2022 : « Nous, médecins et scientifiques médicaux du monde, unis par notre loyauté au

---

[129] https://www.transparence.sante.gouv.fr/pages/accueil/

[130] https://www.notre-planete.info/actualites/4934-COVID-vaccins-corruption-crimes-humanite

serment d'Hippocrate, reconnaissons que les politiques de santé publique désastreuses liées au COVID-19 imposées aux médecins et à nos patients sont l'aboutissement d'une alliance médicale corrompue des sociétés pharmaceutiques, d'assurance et des établissements de santé, ainsi que des trusts financiers qui les contrôlent. Ils ont infiltré notre système médical à tous les niveaux et sont protégés et soutenus par une alliance parallèle de grandes technologies, de médias, d'universitaires et d'agences gouvernementales qui ont profité de cette catastrophe orchestrée. »

On ne peut pas être plus clair.

En France, des scientifiques de haut niveau dénoncent les mêmes compromissions entre l'industrie pharmaceutique et les sphères criminelles.

Dans un livre qui a connu un réel succès de librairie, « Y a-t-il une erreur qu'ils n'ont pas commise » avec en sous-titre « COVID-19 : l'union sacrée de l'incompétence et de l'arrogance » (Albin Michel), le Pr Christian Perronne n'y va pas par quatre chemins quand il accuse : « l'industrie pharmaceutique [d'être] la première source de corruption dans le monde ».

Chef du service d'infectiologie de l'hôpital de Garches (Hauts-de-Seine), le Pr Perronne a présidé durant quinze ans la Commission spécialisée Maladies transmissibles (CSMT), devenu par la suite le Haut Conseil de la Santé publique (HCSP). Responsable d'une commission vaccins au sein de l'OMS, il a conseillé les politiques français dans la compréhension et la lutte de ces maladies. C'est dire si son avis a du poids.

Dans son ouvrage décapant, comme dans ses propos à la radio et à la télévision, le célèbre professeur affirme qu'il n'y aurait jamais dû avoir des milliers de morts en France si l'on avait traité les patients souffrant de la COVID avec une combinaison d'hydroxychloroquine et d'azithromycine. Il accuse les opposants à ces molécules d'avoir été « achetés » par l'industrie pharmaceutique.

Médecins, institutions et sociétés savantes sur lesquelles le ministre de la Santé Olivier Véran prétend s'appuyer pour prendre les décisions sont « totalement corrompues », dit-il.

Dans un entretien accordé à la chaîne CNews, le 18 juin 2020, le Pr Perronne accuse aussi des médecins d'avoir « laissé crever son beau-frère » faute de l'avoir traité avec la chloroquine. Des propos d'une rare violence à l'endroit du corps médical qui a réagi en interpellant l'Ordre des médecins.

Le célèbre infectiologue aux compétences reconnues à l'international a été rapidement remercié par son employeur, l'Assistance Publique des Hôpitaux de Paris qui, le 17 décembre 2020, a mis fin à ses fonctions de chef de service à l'hôpital Raymond-Poincaré de Garches. L'AP-HP a également déposé plainte contre lui pour « propos outranciers contraires à tout principe de dignité et à plusieurs règles de la déontologie médicale ».

Finalement, après deux ans de procédures, le 21 octobre 2022, la chambre disciplinaire de l'Ordre des médecins d'Ile-de-France a totalement blanchi le Pr Perronne, reconnaissant que l'infectiologue « avait l'obligation de s'exprimer sur un domaine relevant de sa compétence ».

**La grille de rémunération pour la vaccination**

Sans parler de corruption, rappelons quand même que de nombreux médecins français comme de nombreux laboratoires d'analyses médicales ont bien profité financièrement des largesses de l'Assurance maladie pendant la COVID.

A la mi-avril 2021, près de 12 millions de personnes avaient reçu au moins une première dose de vaccin et 4,2 millions ont reçu deux doses, selon le décompte de COVID-Traker[131].

---

[[131]] https://COVIDtracker.fr/vaccintracker/

Ce qui représente en moyenne 300 000 injections par jour dont plus de la moitié dans les vaccinodromes ! Pour tenir le rythme, il a fallu faire appel aux médecins, aux infirmiers mais aussi aux dentistes, vétérinaires, pharmaciens, sage-femmes, étudiants en santé, etc. Il a même fallu faire appel aux retraités.

Et il a bien fallu les payer. Sur quelle base ? Tout dépend du statut du « vaccinateur ».

Jusqu'au 15 avril 2021, l'Assurance maladie facturait les médecins à l'acte. D'abord une préconsultation vaccinale (25 euros) puis 5,40 € pour l'injection et l'inscription au fichier national Vaccin COVID-19. Soit 30,40 € pour chaque patient candidat à la vaccination. Évidemment les tarifs augmentent au cours du week-end : 44,60 € pour chaque patient.

Dans les centres de vaccination, les médecins vaccinent beaucoup. C'est le but. A quinze patients par heure, les médecins se faisaient un joli billet de 1.800 € pour quatre heures de vacation, renouvelables dans la journée. Et beaucoup plus le week-end.

L'Assurance maladie qui paie tout ce monde a voulu corriger un « effet d'aubaine ». A compter du 15 avril 2021 il n'y a qu'un mode unique de rémunération pour les médecins : la rémunération forfaitaire à la vacation. Cette vacation forfaitaire est rémunérée à hauteur de 420 € la demi-journée ou 105 € de l'heure si il y a une présence de moins de 4 h (chaque heure entamée étant due, par exemple 1 h 30 de présence peut être facturée 2 h).

Les samedis après-midi, dimanches et jours fériés, la vacation forfaitaire est portée à 460 € la demi-journée (ou 115 € de l'heure si présence de moins de 4 h).

Pour les autres professionnels de santé qui participent à l'effort de vaccination, les tarifs sont différents selon le statut du « vaccinateur ».

• Un médecin retraité, sans activité, percevra 50 € de l'heure entre 8 h et 20 h, 75 € entre 20 h et 23 h et 6 h et 8 h, et 100 € la nuit et le week-end.

• Les infirmiers, 24, 36 et 48 € en fonction de ces mêmes horaires, les sage-femmes, 38, 48 et 64 €.

• Les vétérinaires qu'ils soient en activité ou non sont rémunérés à la vacation 160 € par demi-journée d'activité d'une durée minimale de quatre heures et 180 € par demi-journée d'activité effectuée le samedi après-midi, le dimanche et les jours fériés. En cas d'intervention inférieure à quatre heures, le forfait est égal à 40 euros par heure ou 45 € le samedi après-midi, le dimanche et les jours fériés.

• Quant aux étudiants en soins infirmiers ayant validé leur première année de formation et étudiants de premier cycle de la formation de médecine à partir de la deuxième année, ils devront se contenter de 12, 18 et 24 euros pour le même boulot.

**Le Pr Didier Raoult balance**

Le Pr Perronne qui dénonce la corruption généralisée dans le milieu médical est parfaitement en phase avec le Pr Didier Raoult, directeur de l'Institut Hospitalo-Universitaire Méditerranée Infection. L'audition du célèbre microbiologiste marseillais, le 7 mai 2020 devant la commission des Affaires sociales du Sénat est passée (pratiquement) inaperçue.

Pourtant, le célèbre infectiologue marseillais se lâche.

C'est un document de 62 pages intitulé : « Suivi de la mise en œuvre de la stratégie de lutte contre l'épidémie de COVID-19 ».

L'interviewé a été auditionné par les membres de la commission sénatoriale le 7 mai au soir par visioconférence dont on ne trouve aucune trace officielle.

Il a pourtant été publié dans le média en ligne Gomet.net[132] qui traite l'actu dans la métropole Aix-Marseille.Car ce « rapport » n'est pas public.

Il est tellement confidentiel que l'audition du Pr Raoult n'apparaît ni dans l'agenda du Sénat ni dans les comptes rendus de la commission des Affaires sociales que préside Catherine Deroche, ni sur la chaine Public-Sénat.

« La version officielle ne sortira pas tant que toutes les auditions ne seront pas terminées » précise une source au Sénat.

« C'est-à-dire pas avant longtemps. Peut-être jamais. C'est déjà arrivé, il y a quelques années, pour un rapport particulièrement explosif ».

Que dit le Pr Raoult de si dérangeant ?

A la question : Quelle évaluation faites-vous du rôle et du fonctionnement du comité scientifique chargé de conseiller le gouvernement sur la gestion de la crise liée à l'épidémie COVID-19 ?

Réponse : « Je ne suis pas en accord avec le fonctionnement du conseil scientifique car je pense que les décisions n'étaient pas prises sur des données objectives, sur un suivi très régulier de la bibliographie, que la proportion de gens, qui n'étaient pas scientifiques de bon niveau, était trop importante.... »

Le Pr Raoult ajoute : « Ce conseil scientifique est un dérivé du conseil REACTing [programme de recherche sur les maladies infectieuses] de l'INSERM, avec quelques représentants de l'Institut Pasteur qui ne représentent pas réellement les experts les plus performants dans le domaine des maladies transmissibles... Ce groupe évolue dans un écosystème commun avec les directions locales de l'industrie pharmaceutique.... Ils étaient formés à une autre guerre d'un autre temps. »

---

[132] https://gomet.net/didier-raoult-rapport-audition-senat/

Question : D'une manière générale, estimez-vous que les recommandations adressées par les autorités sanitaires aux professionnels de santé pour la gestion de la crise ont été suffisamment claires, pertinentes et cohérentes ?

Réponse : « Concernant les recommandations adressées aux professionnels de santé, elles ne me paraissaient pas adaptées à la situation, de même que la gestion des cas au départ, la tentative de spécifiquement trier les patients, sur le plan clinique et épidémiologique, avant de les tester ne correspond pas à une réalité médicale mais virtuelle.Enfin, les recommandations ont été terriblement dangereuses dans le sens où elles s'appuyaient sur des hypothèses basées sur des infections respiratoires déjà connues, et non pas sur des constatations réalisées au fur et à mesure de l'observation des humains… »

Question : Quels sont les traitements expérimentaux les plus prometteurs à ce jour ?

Réponse, après de longues explications scientifiques : « Ce qui est inquiétant, dans ce qui nous concerne, est que l'équipe conseillère du Conseil scientifique, qui rapporte des données sur le Remdesivir ou sur l'hydroxychloroquine, est au mieux maladroite, au pire manipulée… je pense qu'il existe un problème très fondamental de conflits d'intérêts concernant la médecine dans ce pays, que le financement par les laboratoires pharmaceutiques représentent un financement comparable au budget de l'INSERM, et qu'il parait difficile d'être à la fois le bénéficiaire de financements massifs et de se prononcer raisonnablement sur des choix thérapeutiques qui concernent les médicaments d'un industriel qui les produit. »

Le Pr Raoult produit un tableau qui montre la relation entre l'augmentation du cours de bourse de Gilead (9 milliards de dollars échangés pendant la crise sanitaire COVID-19) et les attaques contre la chloroquine, médicament substituable au Remdesivir.

Lui-même, Didier Raoult, a fait l'objet de pressions « Des dénonciateurs professionnels m'ont fait harceler, pour me faire rétracter des publications ».

**Comme une anomalie...**

« La position du ministère qui a consisté [à faire interdire] la prescription d'hydroxychloroquine aux médecins généralistes, alors que ce médicament est le plus prescrit dans le monde dans la COVID, constitue une anomalie (...) J'ai même appris, par la télévision, que l'ancien ministre, Mme Buzyn, avait prescrit de l'hydroxychloroquine à un producteur de télévision. »

Didier Raoult s'interroge sur « ce mystère français » qui décrédibilise durablement les décisions de l'Etat dans une situation de crise quand les praticiens sont massivement en désaccord avec les autorités et représente un danger pour l'avenir.

Question sur le Remdesivir.

Réponse : « Pour l'instant aucune publication ne m'a convaincu de son efficacité, et je doute profondément qu'il y ait une place pour le Remdesivir [dans le traitement du COVID-19]. D'autant que « le Remdesivir est aussi un médicament très toxique, qui entraîne des insuffisances rénales... »

Question sur l'essai Discovery [un essai clinique annoncé en mars 2020 par l'INSERM qui a pour but de tester des traitements contre le SARS-CoV-2]

Réponse : « L'essai Discovery représente les conséquences d'un choix initial, qui était d'utiliser le Remdesivir, et celui-ci ne pouvant être utilisé que dans les formes graves du fait de sa toxicité. Il ne testait plus de la prise en charge des formes au début, ce que je pense être une erreur grave et une ignorance scientifique coupable sur la virologie. »

Questions sur les perspectives de la mise au point d'un vaccin.

Réponses : « J'ai la plus grande incompréhension sur les recommandations vaccinales. Il n'y a aucune homogénéité sur les recommandations vaccinales en Europe, où il existe 23 programmes de vaccination différents, aucun rapport entre nos recommandations vaccinales et celles des États-Unis. Des vaccins extrêmement importants et efficaces comme celui de la varicelle (plusieurs de centaines de milliers de cas en France, par an), le rotavirus (plusieurs de centaines de milliers de cas), le papillomavirus, plus l'absence de mise en place d'une vaccination pour la grippe des enfants (la grippe aura tué probablement plus d'enfants cette année que le COVID), amène à penser que la création d'un vaccin, en dehors de son aspect symbolique, ne débouche pas nécessairement sur un usage. Je pense qu'il est plus urgent d'avoir une réflexion sur les vaccins existants actuellement, que sur les vaccins pour une maladie dont on ne sait pas si elle sera encore présente l'année prochaine. »

Question sur le confinement.

Réponse de Didier Raoult : « Les isolements ont été faits sur un mode de quarantaine et non pas sur un mode de Lazaret, que nous connaissons bien à Marseille. Nous savons à Marseille, depuis plusieurs siècles, que le Lazaret (on isole les malades) a un intérêt (comme les sanatoriums) mais que la quarantaine (on confine tout le monde) ne fonctionne pas (elle consiste à enfermer des gens contagieux avec des non contagieux) et il se passe ce qui s'est passé sur les bateaux comme le Diamond Princess ou le Charles de Gaulle qui sont des exemples typiques de ce qu'est le confinement sans test préalable. »

Tout est dit.

**L'affaire de l'hydroxychloroquine**

Revenons à l'affaire de l'hydroxychloroquine qui est assez symptomatique des mœurs en vigueur dans l'industrie pharmaceutique. La revue britannique mondialement connue The Lancet a publié le 22 mai 2020 un article affirmant que cette molécule était non seulement inefficace mais qu'elle s'avérait dangereuse. Une étude reprise par The New England Journal of Medicine. Aussitôt, le ministre français Olivier Véran a fait interdire cette molécule vieille de plusieurs siècles et administrée depuis très longtemps à des millions de patients.

En effet, l'hydroxychloroquine (HCQ), dérivée de la chloroquine, a une longue histoire derrière elle. Cette poudre de l'écorce d'un l'arbuste du Pérou, le quinquina, que les indiens d'Amérique du Sud utilisaient pour traiter le paludisme, a été rapportée en Europe par les Jésuites au 17ème siècle. On l'a aussitôt surnommée « la poudre des Jésuites ». Une version synthétisée a été mise au point en Tunisie par des médecins français pendant la seconde guerre mondiale pour combattre le paludisme qui décimait alors les soldats américains. Voilà plus de soixante-dix ans que l'on soigne le paludisme avec l'hydroxychloroquine, utilisée aussi en rhumatologie en raison de ses propriétés anti-inflammatoires. Elle est inscrite sur la liste des médicaments essentiels de l'OMS.

Or, le 12 novembre 2019, allez savoir pourquoi, l'Agence nationale de sécurité sanitaire de l'alimentation, de l'environnement et du travail (ANSES), sollicitée par l'Agence nationale du médicament et des produits de santé (ANSM) émet un « avis » souhaitant que soit porté l'hydroxychloroquine sur la liste des substances vénéneuses. L'arrêté est signé le 13 janvier 2020 par le Dr Salomon, une semaine après le premier séquençage du génome du SARS-CoV-2.

L'interdiction de l'hydroxychloroquine dans les milieux médicaux et scientifiques provoque un tollé puisque des essais cliniques étaient en cours.

L'article du Lancet a mis un arrêt définitif aux recherches. Mais pas à la polémique. Car, rapidement, des journalistes américains ont découvert que l'étude du Lancet était bidonnée. Elle avait été construite avec des données sorties d'on ne sait où, fournis par une actrice de films X de Las Vegas et présentée comme directrice de marketing d'une entreprise de biotech. La supercherie, finalement reconnue par le journal britannique, n'a pas mis fin à l'interdiction de la molécule. Mais, le 4 juillet 2020, l'OMS a mis fin à l'essai clinique destiné à tester l'hydroxychloroquine comme traitements potentiels de la COVID-19.

Le vieux médicament bon marché et efficace ne pouvait pas convenir à Big Pharma et ses molécules hors de prix. La voie était libre pour inonder le marché mondial de vaccins en cours d'expérimentation et autres poudres de perlimpinpin.

# Chapitre 10

## Des doses jusqu'à l'overdose !

A chaque nouvelle vague d'infection au SARS-CoV-2 et maladies COVID-19 associées, une nouvelle campagne de vaccination. Trois ans après l'apparition du coronavirus en Chine, l'épidémie n'est pas éradiquée, loin s'en faut.

A la fin de l'année 2022, l'OMS compte plus de 6,6 millions de morts dans le monde et 12,9 milliards de doses de vaccins anti-COVID injectées.

En France, à la même date, l'OMS compte environ 156 000 décès cumulés sur trois ans, 54 millions de Français ont reçu au moins une dose (81%) de vaccins, 37,6 millions (79,7%) ont reçu au moins trois doses et 55,9% ont reçu plus de trois doses.

Au cours de l'année 2022, les médecins constatent que le SARS-CoV-2 a des effets secondaires inattendus. Non seulement ils provoquent des phlébites, des thromboses artérielles, des inflammations articulaires, de l'hypertension, mais il est a aussi à l'origine de troubles menstruels chez les femmes, d'une diminution de la fertilité chez les hommes, de perturbations du microbiote intestinal et quantité d'autres effets délétères sur notre organisme.

Comment l'expliquer ?

**Les mécanismes de l'infection**

Pour comprendre le nombre et la grande variété des effets de la protéine spike (virale ou vaccinale), il faut revenir aux découvertes de Jean-Marc Sabatier que nous avons décrites au chapitre 2 et rentrer dans l'intimité des cellules. Petite leçon de microbiologie.

Chez l'homme, le SARS-CoV-2 et/ou la protéine vaccinale peut (peuvent) s'attaquer aux testicules, au pénis et à la prostate. Chez la femme, la protéine spike (virale ou vaccinale) peut s'attaquer à l'utérus (endomètre) et aux ovaires. Pourquoi ces attaques sont-elles possibles ? Parce que le SARS-CoV-2 reconnait le récepteur cellulaire ECA2 (enzyme de conversion de l'angiotensine-2) qui lui sert de site de fixation lui permettant d'infecter les cellules ; le récepteur ECA2 est très présent au niveau des cellules des organes reproducteurs masculin et féminin, ce qui les rend très vulnérables au virus.

Il est notable que le récepteur ECA2 -en parallèle des organes reproducteurs, dont les gonades (testicules et ovaires) - se retrouve également dans de nombreux autres organes et tissus de l'organisme (ceux-ci sont en conséquence ciblés par le virus), tels que le cœur, les poumons, les reins, le foie, le pancréas, la rate, le système vasculaire (vaisseaux sanguins), la peau, le cerveau, les intestins, les glandes surrénales, et autres.

On sait qu'en se fixant sur le récepteur ECA2 des cellules cibles, le SARS-CoV-2 suractive un système hormonal et physiologique de première importance pour le fonctionnement du corps humain : le système rénine-angiotensine ou SRA (dont le récepteur ECA2 fait partie intégrante) pour lequel il existe des variantes/adaptations « locales ».

La suractivation du SRA se traduit par la suractivation de son récepteur délétère AT1R (récepteur de l'angiotensine-2 de type 1) qui induit principalement une vasoconstriction/hypertension, une inflammation, une fibrose et hypertrophie d'organes, un stress oxydant, une angiogenèse, une hypoxie, une hypoxémie, et une chute du monoxyde d'azote (ce qui constituent des effets délétères pour nos organes, y compris les organes sexuels).

Au sein de l'organisme humain (et des mammifères en général), le SRA contrôle les fonctions autonomes rénales, pulmonaires, cardio-vasculaires, l'immunité innée et les microbiotes intestinal, vaginal et buccal.

Les femmes possèdent un SRA ovarien (appelé OVRAS) qui joue un rôle clé dans la physiologie des ovaires, et les maladies ovariennes associées. Le SRA ovarien a des effets majeurs sur le développement/atrésie des follicules, sur l'ovulation et la sécrétion d'hormones stéroïdiennes ; le SRA est ainsi nécessaire à une reproduction normale.

En effet, les acteurs de ce SRA se retrouvent dans le follicule ovarien, les cellules pré-ovulatoires de la thèque et de la granulosa, ainsi que dans les cellules post-ovulatoires de la granulosa-lutéine. Il est également impliqué dans la régulation de la stéroïdogenèse (synthèse des hormones stéroïdiennes, dont les hormones œstrogènes féminines).

Le dysfonctionnement du SRA ovarien potentiellement induit par le SARS-CoV-2 peut donc affecter la maturation et l'ovulation des ovocytes (altération du cycle menstruel), et conduire à des dérèglements ou pathologies telles que l'infertilité, le cancer des ovaires, le syndrome des ovaires polykystiques, etc. La présence d'anticorps auto-immuns dirigés contre le récepteur AT1R peut se traduire par une infertilité.

Chez la femme, on peut ainsi observer (parallèlement aux autres pathologies COVID-19 potentielles) un dérèglement du cycle menstruel plus ou moins important et invalidant.

**Les troubles de la coagulation**

Le SARS-CoV-2 -via la protéine spike- provoque des troubles de la coagulation sanguine, dont la thrombocytopénie (baisse du nombre de plaquettes sanguines qui aident le sang à coaguler).

Ainsi, le SARS-CoV-2 ou la protéine spike vaccinale est directement responsable des troubles de la coagulation et menstruels parfois observés chez certaines personnes lors d'une infection virale au SARS-CoV-2 ou suite à une vaccination.

En ce qui concerne les troubles menstruels liés à la vaccination, il faut mentionner l'avis contraire de l'Agence nationale de Sécurité du Médicament[132] (ANSM), qui -dans un point de situation sur la surveillance des vaccins contre la COVID-19 publié le 21 décembre 2021- écrit : « A ce jour, les données disponibles ne permettent pas de déterminer le lien direct entre le vaccin et la survenue de ces troubles du cycle menstruel. Ces événements restent sous surveillance ».

Pourtant, de nombreuses femmes constatent le contraire… On note aussi une augmentation de fausses couches et de naissances prématurées.

L'épidémie de bronchiolite (infection virale respiratoire aiguë touchant les bronchioles (petites bronches), qui affecte de nombreux nourrissons en cet hiver 2022-2023, pourrait être lié à ces phénomènes, notamment lorsque la maman enceinte a été vaccinée.

**Faut-il encore vacciner ?**

Dans ces conditions faut-il continuer à vacciner massivement et sous contrainte les populations à chaque nouvelle vague épidémique, à la propagation de chaque nouveau variant du SARS-CoV-2 ?

La multiplication des doses vaccinales peut avoir des effets secondaires graves sur le long terme en raison des phénomènes ADE (Antibody-dependent enhancement: facilitation de l'infection par les anticorps) et ERD (Enhanced respiratory diseases : facilitation des maladies respiratoires). Le rapport bénéfice/risque est donc défavorable. La réponse immunitaire de l'hôte lors d'une infection naturelle au SARS-CoV-2 ou suite à une vaccination (ou rappels), produit -entre autres- des anticorps dirigés contre la protéine spike.

---

[[132]] https://ansm.sante.fr/actualites/point-de-situation-sur-la-surveillance-des-vaccins-contre-la-COVID-19-periode-du-26-11-21-au-09-12-2021

Dans le cas des vaccins à ARNm, la seule cible moléculaire visée est la protéine spike. Dans le cas d'une infection naturelle par le virus, la réponse immunitaire est dirigée contre plusieurs protéines virales, dont la protéine spike.

Dans tous les cas, cette protéine spike est donc déterminante. Seulement, le SARS-CoV-2 est un virus à ARN qui mute beaucoup, et de nombreuses mutations affectent la protéine spike, ce qui perturbe sa reconnaissance par les anticorps.

Dans le cas des vaccins à ARNm actuels (« Comirnaty » de Pfizer-BioNtech et « Spikevax » de Moderna), la protéine spike produite chez le vacciné est celle de la souche virale d'origine de 2019 (dite « Wuhan »).

Cette souche de SARS-CoV-2 est devenue « obsolète » car elle ne circule plus depuis longtemps ; elle a en effet été remplacée par des variants, notamment le variant Delta et ses sous-variants, puis Omicron et ses sous-variants, dont BA.5 et BQ1.1 majoritaires aujourd'hui dans le monde.

La perte d'efficacité des vaccins serait due (au moins en partie) à la différence de structure des protéines spike des variants et sous-variants actuels par rapport à celle de la souche virale « Wuhan » d'origine.

### La balance « neutralisation/facilitation » de l'infection virale diffère selon les variants du SARS-CoV-2

Afin d'étudier cet aspect crucial pour la mise au point de nouveaux vaccins à venir (dits de seconde génération), une étude[133] à laquelle a participé Jean-Marc Sabatier, a été réalisée sur les régions de la protéine spike du SARS-CoV-2 reconnues par les anticorps « neutralisants » (qui bloquent l'infection en empêchant le virus de se fixer sur les cellules-cibles

---

[[133]] https://www.researchsquare.com/article/rs-1054360/v1

humaines) et les anticorps « facilitants » (qui, au contraire, facilitent l'infection des cellules par le SARS-CoV-2 et augmentent son infectivité selon un phénomène appelé « ADE »).

En analysant près d'un million de génomes du SARS-CoV-2 décrits dans la banque de données de Los Alamos (juin à octobre 2021), les auteurs ont découvert que les régions de la protéine spike reconnues par les anticorps « neutralisants » sont très variables, tandis que les régions de la protéine spike reconnues par les anticorps « facilitants » sont conservées chez tous les variants connus actuellement en circulation.

Ainsi, il apparait que l'évolution du SARS-CoV-2 a considérablement affecté l'équilibre « neutralisation/facilitation » qui est aujourd'hui en faveur de la facilitation (phénomène « ADE »).

Plus précisément, cette étude d'épidémiologie moléculaire couplée à une analyse structurale des protéines spike indique que l'équilibre entre les anticorps « facilitants » et « neutralisants » chez les personnes vaccinées est en faveur de la neutralisation pour la souche virale « Wuhan » initiale ainsi que pour les variants « alpha » et « bêta » du SARS-CoV-2, mais pas pour les variants « gamma », « delta », « lambda » et « mu ».

**Une nouvelle génération de vaccins**

Pour ne pas perdre de temps dans cette course mondiale contre le SARS-CoV-2, les auteurs ont décidé de prépublier l'étude sur un site dédié de « preprint », tout en la soumettant (en parallèle) pour publication dans une revue scientifique internationale à comité de lecture.

Cette approche pourrait potentiellement aider les chercheurs à avancer dans la mise au point d'une nouvelle génération de vaccins efficaces et sans effets secondaires délétères sur l'organisme humain.

Espérons que l'élaboration de futurs vaccins prendra en compte de telles données afin de concevoir des formulations vaccinales nouvelles adaptées aux variants émergents du SARS-CoV-2 (formulations, si possible, dépourvues d'épitopes « facilitants » -responsables du phénomène ADE- dans la protéine spike).

Un avantage majeur des vaccins à ARNm est de permettre la modification relativement facile et rapide de la formulation vaccinale initiale afin de tenir compte de l'évolution moléculaire des variants et sous-variants responsables de l'épidémie lors d'une vague, et de certains inconvénients qui n'auraient éventuellement pas été pris en compte initialement.

Le phénomène « ADE » (et « ERD ») est un cas typique car s'il est bien connu pour les virus animaux et de nombreux virus humains, dont les coronavirus SARS-CoV-1 et MERS-CoV, certains scientifiques pensaient que le SARS-CoV-2 pouvait échapper à cette règle. De fait, les premiers retours sur la vaccination n'ont pas immédiatement mis en évidence de problème d'« ADE » tels que l'on en avait rencontré, par exemple, lors des campagnes de vaccination contre le virus de la dengue.

Les résultats de l'étude citée plus haut donnent une explication à ce paradoxe, en mettant en lumière un rôle jusqu'alors inconnu de la mutation D614G (un résidu d'acide aspartique remplacé par un résidu de glycine en position 614 de la chaîne peptidique de 1273 résidus d'acides aminés de la protéine spike du SARS-CoV-2) dans cet échappement.

Maintenant que le variant « delta » (et ses sous-variants) sont bien établis, il apparait vital de surveiller ces phénomènes d'« ADE » dans un contexte particulièrement défavorable : perte progressive de l'immunité induite par les deux doses de vaccins dirigés contre la protéine spike de la souche virale « Wuhan » d'origine, face à des variants et sous-variants qui ont par contre conservé les régions de la protéine spike reconnues par les anticorps « facilitants ».

Dans ce contexte, une 3e dose vaccinale puis une 4ème dose apparaissent-elles adaptées à la situation ? Il semblerait que non, le rapport « bénéfice/risques » étant clairement défavorable.

**Une catastrophe sanitaire à venir**

Si Jean-Marc Sabatier a été le pionnier dans l'explication des mécanismes d'action du virus et de la protéine spike vaccinale sur nos organes, via un SRA et un récepteur AT1R suractivés, invitant les autorités sanitaires à la prudence sur la vaccination de masse et notamment des enfants, d'autres études sont venues par la suite confirmer ses travaux.

Ainsi, dans un article publié en juillet 2022 par The Epoch Times[134], le Dr Paul Alexander, épidémiologiste et chercheur, affirme que les injections anti-COVID peuvent endommager le système immunitaire inné des jeunes enfants.

Il explique que « les gens naissent avec un système immunitaire inné, qui constitue la première ligne de défense de l'organisme contre les nombreux agents pathogènes qu'il rencontre. Et c'est l'exposition aux germes et aux substances étrangères qui permet d'entraîner le système immunitaire inné à fonctionner. »

Les cellules du système immunitaire inné sont en quelque sorte « entraînées » par l'exposition à un agent pathogène. Mais « cette formation peut être perturbée lorsque les enfants reçoivent des injections d'ARN messager basées sur la souche virale initiale. Cela s'explique par le fait que les anticorps vaccinaux ciblent de manière très spécifique la protéine spike et empêchent les anticorps « naturels » (abusivement appelés « innés » par l'auteur) de faire leur travail. » Cela peut se traduire par une maladie auto-immune, « le système immunitaire attaque le corps » !

---

[[134]] https://www.theepochtimes.com/COVID-19-injections-may-damage-young-childrens-innate-immune-system-paul-alexander_4617221.html

Ainsi, sans être vaccinés, les enfants en bonne santé sont capables de neutraliser et d'éliminer le virus pour empêcher l'infection, la réplication et la transmission, ajoute le Dr Alexander.

C'est pourquoi les enfants, pour la plupart, ne présentent aucun symptôme ou des symptômes légers, en particulier contre le variant Omicron (et ses sous-variants) dominant aux États-Unis et dans d'autres pays.

Or, note encore le Dr Alexander, « les autorités sanitaires américaines recommandent fortement la vaccination des enfants dès l'âge de 6 mois, bien que la Food and Drug Administration (FDA) et les Centers for Disease Control and Prevention (CDC) reconnaissent, selon leurs propres données[135], que les enfants vaccinés sont susceptibles d'être infectés par le SARS-CoV-2.

Le Pr Harvey Risch, professeur émérite d'épidémiologie à l'école de santé publique de Yale, à New York, confirme que « les anticorps déclenchés par les vaccins anti-COVID 19 interfèrent avec le système immunitaire[136] à mesure que se succèdent les variants du SARS-CoV-2 ».

Les vaccins sont conçus à partir de la protéine spike du virus initial, qui a muté dès le début de la pandémie. « Les vaccins ne produisent qu'une gamme très étroite d'anticorps contre la protéine spike, dit-il. Lorsque la protéine spike change de structure avec les nouvelles souches du virus, la capacité du système immunitaire à produire des anticorps correspondant aux nouvelles souches est réduite à tel point que l'efficacité du système peut s'avérer quasi nulle sur de longues périodes (...). Cela signifie qu'ils deviennent des anticorps interférents, au lieu d'anticorps neutralisants », poursuit le Pr Risch.

---

[[135]] https://contre-pouvoir.info/2022/11/vaccins-des-risques-dinflammation-cardiaque-chez-les-enfants-confirmes/

[[136]] https://www.epochtimes.fr/face-aux-mutations-de-la-proteine-spike-les-anticorps-produits-par-les-vaccins-sont-davantage-interferents-que-neutralisants-explique-le-pr-risch-2077045.html

« Selon moi, c'est la raison pour laquelle nous avons constaté ce que l'on appelle un bénéfice négatif – une efficacité vaccinale négative sur une plus longue période – de quatre, six à huit mois après la dernière dose du vaccin, on peut voir le bénéfice apporté par les vaccins virer au négatif. »

**« Un dérèglement durable du système immunitaire »**

Jean-Marc Sabatier n'est pas surpris par ces études, lui qui, le premier, a alerté sur le dérèglement durable du système immunitaire lié aux vaccins. Résumons.

« Je voulais revenir sur le fait que tous ces rappels conduisent au dysfonctionnement de l'immunité innée et, par voie de conséquence, de l'immunité adaptative/acquise, c'est-à-dire au dérèglement généralisé du système immunitaire.

Des travaux scientifiques montrent que la protéine spike, ou l'injection répétée et massive d'un antigène vaccinal, peut conduire à un dérèglement durable du système immunitaire. Ceci suggère que les cellules de l'immunité innée ne vont plus être capables d'effectuer correctement leur travail. Et cela peut avoir pour conséquence d'initier des maladies auto-immunes.

Si l'on procède à des injections multiples et massives du même vaccin, il y aura un dysfonctionnement inévitable de l'immunité innée, avec l'apparition potentielle de maladies auto-immunes ou une aggravation de celles-ci, voire de cancers, de troubles neurologiques et autres pathologies. »

« Déjà, un article publié en 2009 suggérait que, quel que soit l'antigène, si trop de rappels étaient effectués (c'est-à-dire si on sature/déborde le système immunitaire), l'immunité innée sera immanquablement déréglée[137], conduisant à l'apparition de maladies auto-immunes.

---

[[137]] https://journals.plos.org/plosone/article?id=10.1371/journal.pone.0008382

En plus, dans le cas du SARS-CoV-2, pour vacciner, on va utiliser un système biologique qui va produire la protéine spike (ARNm, vecteur viral), ou injecter directement la protéine spike (virus inactivé, protéine spike recombinante). Cette protéine spike dérègle le système rénine-angiotensine (SRA) qui contrôle l'immunité innée.

Il y a donc un double effet. D'une part, le système immunitaire sera saturé parce que le seuil de tolérance/criticité autoorganisée du système est dépassé, ce qui peut déclencher des maladies auto-immunes.

De plus, la protéine spike va dérégler cette immunité innée puisqu'elle agit directement sur le SRA qui contrôle l'immunité innée.

« Personnellement, je crains que l'on se dirige vers une catastrophe sanitaire sans précédent si la politique de rappels multiples avec des vaccins quasiment obsolètes et dangereux (compte tenu de la toxicité démontrée de la protéine spike vaccinale) se poursuit, explique Jean-Marc Sabatier.

Comme les autorités semblent s'orienter vers des rappels réguliers, nous allons être prochainement dans une situation critique. Par conséquent, le problème ne sera même plus les phénomènes de facilitation de l'infection virale (ADE/ ERD[138]), mais pourrait bien être le déclenchement des maladies auto-immunes, des cancers, et autres pathologies.

Il faut vraiment retenir que la protéine spike suractive le système rénine-angiotensine qui va altérer l'immunité innée[139] et que le SRA, impliqué dans de nombreuses voies métaboliques majeures, est directement à l'origine (lorsqu'il est suractivé) des thromboses, coagulopathies, myocardites, péricardites, troubles menstruels, etc.

---

[[138]] https://contre-pouvoir.info/2022/09/COVID-19-les-dangers-de-la-troisieme-dose-du-vaccin/

[[139]] https://pubmed.ncbi.nlm.nih.gov/35436552/

Ces dernières sont en fait des maladies COVID-19 qui vont être induites soit par une infection naturelle au virus SARS-CoV-2, soit qui seront directement déclenchées par la protéine spike vaccinale. »

# Chapitre 11

## Un virus d'origine inconnue

Pangolin ? Chauve-souris ? Accident de laboratoire ? Manipulation criminelle ? Tout est possible.

Trois ans après l'apparition de la COVID-19, les questions sur l'origine du SARS-CoV-2 restent sans réponse. Parce que ces questions ont des implications géopolitiques très importantes.

Le virologue Etienne Decroly, chargé de recherche à l'université d'Aix-Marseille (« Identification et caractérisation d'enzymes virales impliquées dans la formation de la coiffe de virus à ARN ») est l'auteur de nombreux articles scientifiques sur le SARS-CoV-2. Dans un entretien au journal du CNRS[140] avec le journaliste scientifique Yaroslav Pigenet, il explique que « l'étude des mécanismes d'évolution et des processus moléculaires impliqués dans l'émergence de ce virus pandémique est essentielle pour mieux nous prémunir des émergences potentielles de ces virus, et pour élaborer des stratégies thérapeutiques et vaccinales. »

Pour lui, le SARS-CoV-2 « ne descend pas de souches humaines connues et n'a acquis que récemment la capacité de sortir de son réservoir animal naturel qui est probablement la chauve-souris. » Mais il faut ensuite un hôte intermédiaire. Le Pangolin ? « Une majorité de chercheurs estime désormais que le pangolin n'a probablement pas joué de rôle dans l'émergence du SARS-CoV-2, ajoute le scientifique. L'hypothèse actuellement privilégiée est qu'il s'agit plutôt d'une évolution convergente et indépendante du domaine RBD dans les deux lignées virales. »

---

[[140]] https://lejournal.cnrs.fr/articles/la-question-de-lorigine-du-sars-cov-2-se-pose-serieusement

Le RBD (Receptor Binding Domain) ? Pour comprendre il faut revenir aux caractéristiques biologiques des coronavirus. Leur génome contient un gène S codant pour la protéine spike, qui entre dans la composition de l'enveloppe du virus et donne aux coronavirus leur forme typique de couronne. La protéine spike joue un rôle fondamental dans la capacité d'infection du virus car elle contient un domaine, appelé RBD, qui a pour caractéristique de se lier spécifiquement à certains récepteurs (ACE2) situés à la surface des cellules « infectables ». Chez les humains, ces récepteurs se trouvent dans les divers tissus et organes, et notamment à la surface des cellules pulmonaires ou intestinales.

Le virus s'est-il échappé d'un laboratoire ? Peu probable, mais pas impossible. En effet, le Pr Luc Montagnier, prix Nobel de médecine 2008, avait affirmé que le SARS-CoV-2 résultait « d'un travail génétique effectué intentionnellement, vraisemblablement dans le cadre de recherches visant à développer des vaccins contre le VIH. » A l'appui de ses affirmations, le célèbre professeur notait que le gène contient quatre insertions que l'on ne retrouve pas chez les CoV humains.

Certes, reconnaît Etienne Decroly, « la manipulation du génome de virus potentiellement pathogènes est une pratique courante, notamment pour étudier les mécanismes de franchissement de la barrière d'espèces... Tant qu'on n'aura pas trouvé l'hôte intermédiaire, cette hypothèse d'un échappement accidentel ne peut être écartée par la communauté scientifique. »

**Une lettre et des pistes...**

D'autres scientifiques, et pas des moindres, ont effectué des recherches méticuleuses pour identifier l'origine du SARS-CoV-2.

Virginie Courtier (biologiste, France), Gilles Demaneuf (data scientist, Nouvelle Zélande), François Graner (biophysicien, France), Milton Leitenberg (chercheur principal, États-Unis), Jamie Metzl (États-Unis), Steven Quay (médecin-scientifique, États-Unis) ont publié une lettre ouverte intitulée « Quelle est l'origine du SARS-CoV-2 ? »

Le résumé qu'ils font de leurs travaux est destiné, disent-ils, à fournir les informations de base nécessaires aux journalistes qui enquêtent sur le sujet. « Notre objectif est de faciliter la couverture médiatique et le débat public sur cette question d'une importance cruciale qui vise à comprendre et à combler les lacunes qui exposent notre monde à un risque inutile de pandémies futures. »

Ils rappellent que des patients présentant des symptômes respiratoires graves ont commencé à apparaître dans plusieurs hôpitaux de Wuhan en décembre 2019. Des échantillons respiratoires ont été analysés et un nouveau virus a été découvert. Le 30 décembre 2019, le Pr Shi Zhengli, qui dirige un grand laboratoire de renommée mondiale travaillant sur les coronavirus à Wuhan (Institut de Virologie), classifié en niveau de sécurité de type P4, a été appelée par son directeur alors qu'elle était à Shanghai, pour l'informer qu'un nouveau coronavirus avait été détecté chez des patients atteints de pneumonie et qu'elle devait rentrer immédiatement. Dans le train de nuit, elle s'est demandé si un accident provenant de son laboratoire pouvait être responsable de l'épidémie. Elle déclarera, plus tard, qu'après un certain nombre de nuits blanches, elle a été soulagée de découvrir que la séquence du nouveau virus ne correspondait à aucun des virus que son équipe avait échantillonnés dans des grottes de chauves-souris.

Pas de preuve donc que le virus soit passé naturellement des animaux aux humains. Aucune espèce hôte intermédiaire n'a été identifiée jusqu'à présent. Plus de 80 000 échantillons d'animaux provenant de la région de Wuhan et d'autres régions ont été collectés par des chercheurs chinois et aucun n'a été testé positif au virus.

L'une des raisons pour lesquelles aucune espèce intermédiaire n'a été trouvée dans la nature pourrait être que l'origine de la COVID-19 est liée à la recherche.

Par exemple, un employé de laboratoire ou un accompagnateur extérieur au laboratoire pourrait avoir été infecté sur un site d'échantillonnage ou pendant le transport des animaux ou des échantillons collectés.

Il se peut également qu'une personne ait été infectée dans un laboratoire de Wuhan ou qu'une personne se trouvant à proximité ait été infectée par des déchets de laboratoire, un filtre à air inadéquat ou des animaux échappés.

En 2020, de nombreux scientifiques de plusieurs pays, dont certains avaient des conflits d'intérêts en tant qu'anciens bailleurs de fonds et collaborateurs de l'Institut de virologie de Wuhan, ont affirmé que le virus avait une origine naturelle et ont accusé ceux qui soulevaient des questions sur une possible origine d'incident de laboratoire d'être des «théoriciens de la conspiration ».

**Il y a 30 ans**

Le SARS-CoV-2, le virus à l'origine de la pandémie de COVID-19, a un génome composé de 30.000 lettres. Les virus les plus proches ont été trouvés chez des chauves-souris en Asie du Sud-Est, ce qui indique que l'ancêtre du SARS-CoV-2 circulait auparavant chez les chauves-souris.

Au fil du temps, les virus accumulent des mutations à un rythme relativement constant. Compte tenu du nombre de mutations qui séparent le SARS-CoV-2 de ses parents les plus proches, on estime que l'ancêtre du SARS-CoV-2 a commencé à circuler chez les chauves-souris il y a environ 30 ans, vers 1990. On ignore ce qui s'est passé ensuite.

Les séquences génomiques du SARS-CoV-2 extraites des patients de décembre 2019 sont extrêmement proches les unes des autres (avec seulement quelques lettres de différence) alors que les séquences actuelles sont beaucoup plus variables. La comparaison de toutes les séquences disponibles montre que tous les virus SARS-CoV-2 qui circulent aujourd'hui proviennent des virus détectés chez l'homme en 2019 en Chine.

Les séquences indiquent que la ou les introductions dans la population humaine (à partir d'un hôte intermédiaire, d'une chauve-souris ou d'un échantillon de laboratoire) ont eu lieu au second semestre 2019 et qu'aucune autre introduction n'a eu lieu depuis.

Le rapport conjoint OMS-Chine mentionne 174 cas confirmés de COVID-19 à Wuhan, dont la maladie s'est déclarée en décembre 2019. Beaucoup d'entre eux étaient liés au marché de fruits de mer de Huanan, mais les plus précoces ne l'étaient pas.

En mai 2020, Gao Fu, directeur du Centre chinois de contrôle et de prévention des maladies, a annoncé que le marché aux fruits de mer de Huanan n'était pas le lieu d'origine et que « le virus est arrivé sur le marché et non pas à partir du marché ».

En général, lors d'une enquête sur une épidémie, les contacts des patients connus sont remontés dans le temps afin d'identifier de plus en plus de cas précoces. Dans le cas du COVID-19, c'est le contraire qui s'est produit : plusieurs cas précoces de novembre-décembre 2019 ont été présentés dans des revues scientifiques et des journaux, mais ils ont ensuite été écartés comme ayant été mal étiquetés.

## Recherche sur les coronavirus à Wuhan

En 2019 et avant, des coronavirus étaient manipulés dans quatre laboratoires de Wuhan, dont le Centre de contrôle des maladies de Wuhan, qui se trouve à 8 minutes à pied du marché Huanan, et l'Institut de virologie de Wuhan (WIV).

Le site le plus récent du WIV est situé au sud de la ville et abrite le laboratoire de niveau de biosécurité 4 (le niveau le plus élevé pour travailler avec des agents pathogènes humains). Le laboratoire original du WIV, situé dans le centre-ville de Wuhan, abrite des laboratoires de niveau de biosécurité 2 et 3.

Rappelons que ce laboratoire P4 de Wuhan est le fruit d'une coopération franco-chinoise. Il a été inauguré le 23 février 2017 par le Premier ministre de l'époque, Bernard Cazeneuve, la ministre de la Santé, Marisol Touraine, le directeur de l'Inserm, Yves Lévy (époux d'Agnès Buzyn). Il sera dirigé quelques années plus tard par Shi Zhengli qui a passé son doctorat de virologie à l'université de Montpellier en 2.000.

En 2005, une équipe dirigée par Shi Zhengli avait découvert que le virus du SRAS provenait de chauves-souris. Pas n'importe lesquelles : les chauves-souris « fer à cheval », ainsi désignées en raison de la forme de leur museau, prélevées dans les grottes de Shitou, à plus 1500 km de Wuhan. Or, ces chauves-souris, sont porteuses du virus SARS-CoV. Autrement dit le virus n'a pas besoin d'un intermédiaire pour passer de la chauve-souris à l'Homme.

Dix ans plus tard, Shi Zhengli, surnommée « la femme chauve-souris » publie les résultats de ses recherches dans Science et dans le Journal of Général Virology. L'article est co-écrit avec le zoologue Peter Daszak avec lequel Shi Zhengli continuera à travailler et à publier d'autres articles scientifiques.

Fin décembre 2019, Shi Zhengli et son équipe furent les premiers à identifier le virus du Sars-CoV-2. Début janvier 2020, elle publie le séquençage complet du génome. De là sont nés quelques soupçons de manipulations possibles des virus au sein du P4 de Wuhan.Des rumeurs fermement démenties par Shi Zhengli, prétendent que le labo aurait été dirigé en réalité par l'armée chinoise.

Dans quel but ? De mener des expériences, appelées « gains de fonction » visant à augmenter la dangerosité d'un germe pathogène pandémique potentiel (PPP) comme un virus. Mais la recherche sur les virus destinés à créer des armes biologiques n'est pas une exclusivité chinoise, elle est pratiquée dans de nombreux laboratoire P4 à travers le monde.

Quant à Peter Daszak, l'ami de Shi Zhengli, ce n'est pas le premier venu.

Ce zoologue anglo-américain est un spécialiste des zoonoses, autrement dit un chasseur de virus. Il a croisé le chemin de Shi Zhengli à plusieurs reprises dans les grottes de Chine et du Laos. Il s'est intéressé de très près aux travaux effectués dans ce laboratoire P4 de Wuhan. Et lorsque les Etats-Unis, ou plus précisément le National Institute Health (NIH) piloté par Franck Collins, va s'intéresser à ce laboratoire, et à ses travaux sur les « gains de fonction », il va lui accorder une enveloppe de 3,7 millions de dollars en 2014. Non pas directement, mais via une obscure ONG, EcoHealth Alliance dirigée par un certain Peter Daszak. But des travaux : identifier et prévenir une prochaine pandémie, en identifiant le ou les virus qui pourraient passer de la faune aux humains.

Plus tard, en 2021, Peter Daszak sera le seul américain à faire partie de l'équipe de scientifiques chargés par l'OMS d'enquêter sur l'origine du SARS-CoV-2. Il affirmera que le virus ne provient pas du laboratoire chinois.

**Un manque de transparence**

Collecter des virus naturels à de grandes distances (plus de 1000 km), les amener dans un laboratoire pour les cultiver dans des flacons de culture et chez des animaux, et les modifier génétiquement sont des activités qui pourraient, en théorie, conduire à l'apparition d'un virus comme le SARS-CoV-2.

Selon les auteurs de la lettre ouverte intitulée « Quelle est l'origine du SARS-CoV-2 », trois problèmes principaux suggèrent qu'un accident lié à la recherche pourrait être à l'origine de la pandémie.

Premièrement, lorsqu'ils ont présenté un virus étroitement apparenté (appelé «RaTG13») dans leur publication fondatrice sur le SARS-CoV-2 dans la revue Nature, les chercheurs de Wuhan n'ont pas mentionné qu'il avait été collecté dans une mine abandonnée de la province du Yunnan où, en 2012, six personnes [dont trois sont mortes] ont contracté une grave pneumonie dont les symptômes étaient en partie similaires à ceux de la COVID-19, après avoir nettoyé des excréments de chauve-souris. Cette information importante a été démêlée par un groupe de détectives sur Internet et n'a été confirmée que plus tard par les chercheurs de Wuhan.

Deuxièmement, une grande base de données de séquences de virus créée par l'Institut de virologie de Wuhan pour appréhender rapidement un agent pathogène en cas d'épidémie, et qui contient plus de 20 000 virus non publiés, est devenue momentanément indisponible pour la communauté mondiale des chercheurs fin 2019 avant d'être à nouveau partagée avec les experts. Il ne fut donc pas possible pour les experts de vérifier l'affirmation selon laquelle aucun virus de ce type n'était connu à l'Institut de virologie de Wuhan au début de l'épidémie.

Troisièmement, la caractéristique clé du SARS-CoV-2, la présence d'un site de clivage de la furine (site R-X-(K/R)-R) connue pour augmenter la transmission et la pathogénicité des coronavirus, n'a pas été mentionnée par les chercheurs de Wuhan dans leur publication phare de Nature. C'est étrange car le site de furine est une spécificité du SARS-CoV-2 qui peut être facilement remarquée car elle est associée à l'insertion d'une séquence que l'on ne trouve pas dans des virus étroitement apparentés, et aussi parce que les chercheurs de Wuhan faisaient partie d'un projet de recherche en 2018 visant à insérer des sites de clivage dans des virus existants. Il est regrettable que les chercheurs de Wuhan n'aient pas clarifié ces deux dernières questions.

**L'enquête de l'Organisation mondiale de la santé**

Une résolution de l'Assemblée mondiale de la santé de mai 2020 a autorisé l'OMS à aider à organiser une étude conjointe avec la Chine, non pas sur les origines de la pandémie, mais sur l'hypothèse d'une origine naturelle non associée à un incident de laboratoire.

Il a fallu six mois d'intenses négociations entre l'OMS et le gouvernement chinois pour que les conditions de cette étude soient fixées.

Les autorités chinoises ont obtenu un droit de veto sur le choix des experts internationaux qui pourraient participer à l'étude, ainsi que le droit de fournir des résumés des preuves plutôt que de partager les données brutes critiques elles-mêmes.

En outre, il a été décidé que les recherches seraient menées par des scientifiques chinois, tandis que les experts non chinois se contenteraient d'examiner les études entreprises par les chercheurs et les fonctionnaires chinois.

Début 2021, une équipe de 17 experts internationaux indépendants s'est rendue à Wuhan pour une visite de quatre semaines. Après deux semaines de quarantaine stricte dans leurs hôtels, ils disposaient d'environ dix jours ouvrables pour participer à une visite très soignée et chaperonnée de sites sélectionnés de Wuhan. Lors de leur brève visite à l'Institut de virologie de Wuhan, ils n'ont pas demandé à voir la base de données manquante. Etrange.

Lors d'une conférence de presse tenue à Wuhan le 9 février 2021, le chef de l'équipe internationale, le Dr Peter Ben Embarek, a annoncé que, conjointement avec ses homologues chinois, il avait conclu qu'une origine naturelle était probable, mais qu'un incident de laboratoire était «extrêmement improbable» et ne devait pas être étudié. Le Dr Ben Embarek a par la suite admis, dans une interview à la télévision danoise, qu'il pensait en fait qu'un scénario d'origine de laboratoire était «probable», que le déménagement du laboratoire du Centre de contrôle des maladies de Wuhan vers un nouvel emplacement adjacent au marché des fruits de mer de Huanan devait faire l'objet d'une enquête, et qu'il avait subi des pressions de la part de ses hôtes chinois pour ne pas évoquer cette hypothèse.

Le rapport de l'OMS publié en mars 2021 écarte donc la fuite d'un laboratoire chinois, mais il n'a satisfait personne.

Une partie de la communauté scientifique soulignait le manque d'indépendance des experts et accusait l'OMS de complaisance envers la Chine.

Ce fut l'avis également de DRASTIC, ce collectif pluridisciplinaire d'experts qui mène des recherches indépendantes sur les origines de l'épidémie de COVID-19 pour qui la probabilité d'un incident à Wuhan est hautement probable.

En juillet 2021, l'OMS a créé un nouveau groupe, le Scientific Advisory Group on the Origins of Novel Pathogens (SAGO), dont l'un des objectifs est d'étudier l'origine du virus SARS-CoV-2. Ce groupe est composé de 27 personnes, dont plusieurs scientifiques de la précédente étude conjointe OMS/Chine. Aucun rapport public n'a été produit jusqu'à présent par le SAGO, et aucune information n'est actuellement disponible quant aux études qu'il pourrait entreprendre.

**Contradictions entre les déclarations privées et officielles des principaux scientifiques**

En 2020, divers courriels publiés en vertu de la loi sur la liberté de l'information montrent que, dans les premiers jours de la pandémie, certains scientifiques internationaux de premier plan considéraient qu'un accident lié à la recherche, voire un virus amélioré en laboratoire, était tout à fait possible comme cause de l'origine du virus SARS-CoV-2, voire comme l'explication la plus plausible. Quelques jours plus tard, ces mêmes scientifiques ont apparemment changé d'avis et plusieurs d'entre eux ont immédiatement commencé à rédiger un article publié ultérieurement dans Nature Medicine. Cet article, qui plaide fortement en faveur d'une origine naturelle du virus SARS-CoV-2, est devenu l'un des articles de biologie les plus cités en 2020.

En résumé, il existe encore deux hypothèses valables pour l'origine de la pandémie de COVID-19 : un débordement à partir d'un ou plusieurs animaux ou un événement lié à la recherche.

Pour éviter une nouvelle pandémie à l'avenir, il est essentiel de savoir comment celle-ci a commencé et prendre les mesures nécessaires.

Ces mesures seront différentes selon le scénario. C'est pourquoi il est nécessaire de mener une enquête exhaustive sur les origines du COVID-19, avec un accès complet à tous les dossiers, échantillons et personnels pertinents en Chine et, le cas échéant, au-delà.

Dans le cadre de ce processus, il convient d'établir des dispositions sûres en matière de dénonciation, afin que les scientifiques et autres personnes en Chine et dans le monde puissent partager des informations essentielles sans crainte de représailles.

Sans une enquête internationale complète et sans restriction sur les origines de la COVID-19, le risque est élevé que tout le monde sur Terre, y compris les générations futures, vive une autre pandémie dans un avenir proche.

**La piste les labos en Ukraine**

Dès le début de la pandémie, c'est-à-dire en début d'année 2020, une théorie farfelue, s'est propagée dans le monde à la vitesse de l'internet. L'armée américaine aurait financé des laboratoires en Ukraine pour fabriquer des armes biologiques. Bien entendu, personne ne fait de lien entre ces laboratoires ukrainiens et le SARS-CoV-2. Mais leur seule existence pose question.

La presse alternative et les médias sociaux ont révélé la présence de ces laboratoires clandestins sur le sol ukrainien financés par le Pentagone.

La presse officielle dénonce cette nouvelle fake-news[141] accusant le Kremlin de vouloir ainsi justifier l'agression à l'égard de l'Ukraine. Et qualifie tous ceux qui évoquent le sujet de « complotistes[142] ». Pas moins.

---

[141] https://www.lemonde.fr/international/article/2022/03/08/armes-biologiques-bombe-nucleaire-comment-moscou-justifie-son-operation-militaire-speciale-en-ukraine_6116611_3210.html

[142] https://www.rtbf.be/article/ces-affirmations-sur-des-laboratoires-ukrainiens-finances-par-les-etats-unis-pour-produire-des-armes-biologiques-sont-infondees-10948182

**Onze laboratoires en Ukraine, 336 dans d'autres pays**

Pourtant, face au tollé venu notamment de Chine, la sous-secrétaire d'État américaine Victoria Nuland a déclaré, début mars 2022, dans un tweet, que Washington travaillait avec l'Ukraine pour empêcher que les installations de recherche biologique ne tombent entre les mains des Russes. Elle confirme ainsi toutes les « théories du complot » sur l'existence de ces laboratoires.

Dans son édition du 4 mars, Le Courrier des Stratèges[143] révèle qu'il existe 11 bio-laboratoires en Ukraine liés aux États-Unis qui « travaillent sur des agents pathogènes très dangereux ».

Le journal écrit : « Avec le soutien des États-Unis, le premier centre biologique d'Ukraine a été ouvert le 15 juin 2010 dans le cadre de l'Institut de recherche Mechnikov Anti-Plague à Odessa en présence de l'ambassadeur américain John Tefft.

Le centre d'Odessa s'est vu attribuer un niveau permettant de travailler avec des souches utilisées dans le développement d'armes biologiques. »

Il ajoute : « Rien qu'en Ukraine en 2013, des bio-laboratoires ont été ouverts à Vinnytsia, Ternopil, Uzhhorod, Kiev, Dnepropetrovsk, Simferopol, Kherson, Lviv (trois laboratoires dans cette seule ville !) et Lugansk avec le soutien des États-Unis. »

Toujours selon ce journal, ces laboratoires ont été construits dans le cadre du programme américain de coopération pour la réduction des menaces (DTRA[144]), une agence de soutien au combat au sein du département de la défense des États-Unis (DoD).

---

[[143]] https://lecourrierdesstrateges.fr/2022/03/11/hunter-biden-a-fourni-des-capitaux-a-des-entreprises-a-lorigine-de-la-creation-de-laboratoires-biologiques-en-ukraine/

[[144]] https://www.dtra.mil/

Jusqu'ici, l'ambassade américaine à Kiev publiait sur son site internet des documents où l'on trouvait le détail du financement des labos autorisés à manipuler les germes pathogènes.

Mais ils ont été effacés dès le début de l'attaque russe.

Par chance, la mémoire du web est ineffaçable[145], rappelle Le Courrier des Stratèges.

La Chine ne rigole pas avec les germes pathogènes. Frappé à plusieurs reprises par ces petites bêtes qui font de gros dégâts (grippe aviaire, grippe porcine, COVID-19), l'Empire du Milieu s'intéresse aux laboratoires secrets de l'Ukraine. Et pose des questions embarrassantes aux États-Unis.

Selon l'Agence de presse Xinhua, reprise par french.china.org[146] le ministère chinois des Affaires étrangères a demandé aux États-Unis « de publier tous les détails concernant leurs laboratoires biologiques en Ukraine » et exhorte les parties concernées à assurer leur sécurité.

Le porte-parole du ministère, Zhao Lijian, indique que « les activités bio-militaires américaines en Ukraine ne sont que la partie émergée de l'iceberg. Sous différents noms, le Département américain de la défense **contrôle 336 laboratoires biologiques dans 30 pays.** »

Le porte-parole ajoute cette pique : « Les États-Unis bloquent depuis 20 ans la construction du protocole de vérification de la Convention sur les armes biologiques et refusent d'accepter les inspections des installations biologiques à l'intérieur et à l'extérieur de leurs frontières, ce qui ne fait que renforcer les inquiétudes de la communauté internationale. »

---

[145] https://web.archive.org/web/20210512092436/https:/ua.usembassy.gov/embassy/kyiv/sections-offices/defense-threat-reduction-office/biological-threat-reduction-program/

[146] http://french.china.org.cn/china/txt/2022-03/08/content_78096551.htm

La présence de laboratoires américains construisant des armes biologiques en Ukraine a inquiété au premier chef la Russie. Le Kremlin a demandé aussitôt au Conseil de sécurité de l'ONU de « lancer une enquête internationale sur les activités militaires biologiques des Etats-Unis en Ukraine ». En précisant que la Russie avait trouvé des preuves lors de l'invasion. Selon le ministère russe de la Défense, l'objectif de ces recherches était de «créer un mécanisme de propagation furtive de pathogènes meurtriers».

Les Etats-Unis et l'Ukraine ont vigoureusement démenti comme l'a révélé la RTBF[147].

Ces accusations sont « une pure invention », a déclaré l'ambassadrice américaine à l'ONU devant le Conseil de sécurité. « Nous savons tous que ces affirmations sont une pure invention, mise en avant sans l'ombre d'une preuve », a déclaré Linda Thomas-Greenfield. « Mais je dois saisir cette occasion pour mettre les choses au clair : l'Ukraine n'a pas de programme d'armes biologiques […] Les Etats-Unis n'ont pas de programme d'armes biologiques ».

La résolution qu'elle a soumise au vote peu de temps après a recueilli deux voix pour (Russie et Chine), trois voix contre (France, Etats-Unis et Royaume-Uni, qui ont un droit de véto) et les 10 membres non permanents du Conseil se sont tous abstenus.

---

[147] https://www.rtbf.be/article/guerre-en-ukraine-le-conseil-de-securite-de-lonu-rejette-une-demande-denquete-de-la-russie-sur-les-armes-biologiques-11097370

# Chapitre 12

## Le virus traqué aux quatre coins du monde

Au printemps 2021, l'épidémie est hors de contrôle en Inde où trois variants ont fusionné pour former un triple mutant plus contagieux que le virus souche et résistant aux vaccins. Plusieurs pays dont la France prennent des précautions drastiques car le variant indien est déjà en Europe.

L'épidémie fait des ravages en Inde. Dans ce pays peuplé de 1,4 milliard d'habitants, la COVID-19 a fait 189.544 morts selon les chiffres de l'OMS[148], pour 16,6 millions de cas confirmés. Ce qui inquiète les scientifiques, c'est la progression exponentielle des contaminations : plus de 332 000 nouveaux cas enregistrés vendredi 23 avril 2021 et plus de 346 000 samedi 24 avril.

Les hôpitaux sont débordés. Le nombre de morts explose. Plus de 700 médecins, infirmières et personnel soignant des hôpitaux de Patna ont été infectés par la nouvelle vague de COVID-19 et les hôpitaux ne sont plus en mesure de recevoir de nouveaux malades. Plusieurs établissements hospitaliers manquent de bouteilles d'oxygène mettant en péril la vie des patients.

**La souche du Bengale**

Outre Patna, les districts de Gaya, Saran, Begusarai, Aurangabad, Bhagalpur, West Champaran, Muzaffarpur, Purnia et Vaishali sont les plus touchés par la recrudescence de la maladie.

Comment expliquer cette flambée de l'épidémie dans un pays où le virus semblait en voie de régression ? C'est à cause de ses mutations successives.

---

[148] https://COVID19.who.int/region/searo/country/in

Plus de 4 000 souches du SARS-CoV-2 ont déjà été identifiées à travers le monde, selon l'Organisation mondiale de la santé. Mais certaines sont plus virulentes et plus inquiétantes que d'autres.

Les scientifiques ont trouvé des variétés triple-mutantes dans des échantillons de patients. On sait en effet que trois variants ont fusionné pour former un nouveau variant, baptisé « la souche du Bengale ». Ou, plus scientifiquement B.1.617.

Selon le Times of India[149] qui cite Vinod Scaria, chercheur à l'Institut CSIR de génomique et de biologie intégrative en Inde, « ce triple mutant est un variant d'échappement immunitaire ». En outre, il est porteur de mutations que l'on retrouve à la fois dans les variants sud-africain et brésilien. Bref, on n'est pas l'abri de ce mutant même si on a été vacciné et même si on a déjà attrapé la COVID.

**Détecté en Belgique**

Le variant indien circule d'ores et déjà en Europe. Il a été repéré au Royaume-Uni, en Irlande, en Allemagne et, plus récemment en Belgique sur vingt étudiants indiens qui ont transité par l'aéroport de Roissy[150]. Selon plusieurs experts, ils auraient pu être victimes d'un « super contaminateur » lors de leur trajet en bus entre Roissy et la Belgique.

En tout cas, ce variant Indien a de quoi inquiéter. De nombreux pays ont décidé de se protéger. La France a pris des mesures strictes pour limiter les entrées[151] sur son territoire et impose 10 jours d'isolement à toute personne

---

[[149]] https://timesofindia.indiatimes.com/india/scientists-sound-alarm-over-triple-mutant-bengal-strain/articleshow/82190016.cms

[[150]] https://www.france24.com/fr/asie-pacifique/20210423-COVID-19-premiers-cas-du-variant-indien-d%C3%A9tect%C3%A9s-en-belgique-via-roissy

[[151]] https://www.diplomatie.gouv.fr/fr/conseils-aux-voyageurs/conseils-par-pays-destination/inde/

en provenance de certains pays à risques dont l'Inde. L'Allemagne a classé l'Inde « pays à haut risque » dès le dimanche 25 avril 2021. La Suisse s'apprête à classer l'Inde sur sa « liste rouge ». D'autres songent à fermer leurs ports et aéroports à l'Inde.

Pourtant, le triple-mutant indien « est probablement déjà en France », explique Karine Lacombe, cheffe du service des maladies infectieuses à l'hôpital Saint-Antoine, à Paris.

Plus que jamais il convient d'appliquer les gestes barrières. Et se laver les mains, c'est la meilleure protection contre les virus. Car ce variant B.1.617, est porteur des mutations E484Q et L452R qui en font un virus plus contagieux que le virus souche et résistant aux vaccins actuels. Voilà pourquoi il inquiète la planète[152] entière et perturbe les scientifiques.

Après l'Inde où il a été découvert et où il continue de faire de gros dégâts sanitaires, le B.1.617 s'est propagé à 50 pays avec une rapidité fulgurante. Dans plusieurs pays d'Europe qui ont pris des mesures drastiques pour tenter de le contenir et notamment au Royaume-Uni où le nombre de cas est passé de 520 à 1313 en une semaine. Mais elles semblent insuffisantes voire inefficaces compte tenu de l'explosion du variant indien en particulier dans le nord-ouest de l'Angleterre et à Londres. A tel point que le Premier ministre, Boris Johnson se dit inquiet pour la poursuite du déconfinement. En effet, toutes les mesures restrictives visant à barrer la route au virus devaient être levées le 21 juin. Cette date est désormais remise en question.

Le Royaume-Uni a entièrement immunisé 19 millions de personnes, l'équivalent d'un tiers de sa population adulte. Environ 17 autres millions ont reçu une première injection. Reste que le variant progresse toujours[153]. Comment l'expliquer ?

---

[[152]] https://infodujour.fr/societe/48577-COVID-le-variant-indien-inquiete-la-planete

[[153]] https://www.gov.uk/government/news/confirmed-cases-of-COVID-19-variants-identified-in-uk

Selon Jeffrey Barett, statisticien au Wellcome Sanger Institute « des centaines de cas » ont été importés au moment où le Royaume-Uni se déconfinait par des voyageurs en provenance de Mumbai et de New Delhi.

En France, Santé Publique France note une augmentation du nombre de contaminations liées au variant indien du coronavirus depuis deux semaines. Mais, pour l'instant, il n'a rien de « préoccupant ». Le variant britannique reste majoritaire sur le territoire avec plus de 80% des contaminations.

**L'hygiène en question**

Les chercheurs s'interrogent sur les modes de propagation du virus. Ils découvrent que des glaces fabriquées en Chine avec des ingrédients provenant de Nouvelle-Zélande et d'Ukraine ont été contaminées par le coronavirus.

Est-ce « un cas unique », comme l'affirment les experts qui ont eu à examiner ces échantillons de crème glacée fabriquée en Chine à partir de lait en poudre provenant de Nouvelle-Zélande et d'autres ingrédients provenant d'Ukraine ? On voudrait le croire. Mais l'information donnée le lundi 18 janvier 2021, par le journal australien News.com.au rappelle que le virus se propage silencieusement sur toute sorte de supports, y compris alimentaires, lui permettant de franchir les frontières en passager clandestin.

Les autorités sanitaires de la municipalité chinoise de Tianjin précisent en effet que « trois échantillons de glace ont donné un résultat positif au test COVID-19 ». Les glaces contaminées sont fabriquées par la Tianjin Daqiaodao Food Company, qui utilise du lait en poudre néo-zélandais. L'entreprise a scellé et confiné tous ses produits après que les tests ont trouvé le virus dans la glace cette semaine.

« Il est probable que cela vienne d'une personne, et sans connaître les détails, je pense que c'est probablement un cas unique », déclare à Sky News le Dr Stephen Griffin, un virologiste de l'université de Leeds.

« Bien sûr, tout niveau de contamination est inacceptable et toujours source d'inquiétude, mais il est probable que cela résulte d'un problème au niveau de l'usine de production et potentiellement de l'hygiène de l'usine ».

Le journal australien ajoute que « selon l'expert, la température froide, combinée à la teneur en matière grasse de la glace, pourrait être responsable de la « survie » du virus dans les échantillons. ».

Faut-il s'en inquiéter ?

« Nous n'avons probablement pas besoin de paniquer sur le fait que chaque morceau de glace va soudainement être contaminé par le coronavirus » tempère le Dr Stephen Griffin.

**Employés en quarantaine**

Le ministère des industries primaires déclare qu'il n'a pas connaissance de preuves que la poudre de lait néo-zélandaise était la source de la contamination à la COVID-19.

« Dans de nombreux cas, les rapports sur le SARS-CoV-2 détecté sur les aliments ou les emballages alimentaires ne sont pas spécifiques quant à la façon dont le virus a été identifié, la quantité de virus trouvée et si le virus était viable et infectieux », a déclaré le ministère.

« La littérature scientifique et l'expérience des autorités de santé publique mondiales montrent que la transmission par les gouttelettes et les aérosols en suspension dans l'air est la voie dominante de l'infection par la COVID-19. Le risque de transmission par les aliments est considéré comme très négligeable ».

Les 1662 employés de la société où sont fabriquées les glaces ont été placés en quarantaine.

Selon les autorités locales, l'entreprise a fabriqué 4836 boîtes de glace, dont 2089 ont été mises sous scellés et stockées.

Au total, 935 boîtes de crème glacée, sur les 2747 boîtes qui ont été mises sur le marché, se trouvaient à Tianjin. Seules 65 ont été vendues.

Les autorités ont émis un avertissement à l'attention de tous les résidents qui auraient acheté la glace, leur demandant de signaler leur état de santé et leurs déplacements au sein de la communauté.

**Le secteur alimentaire sous surveillance**

Selon des scientifiques, la résurgence du virus en juin sur le Marché de Pékin[154] liée à la chaine du froid et au saumon importé est une hypothèse : le virus pourrait être réintroduit par le transport via la chaîne du froid d'articles contaminés et pourrait déclencher une résurgence.

Bien qu'il ne soit pas certain que la charge virale sur le saumon soit suffisante pour établir une infection, le risque de contamination des aliments et de l'environnement existe selon les auteurs.

L'approvisionnement en saumon contaminé et l'exposition des premiers patients sur le stand 14 qui se sont produits le 30 mai, donnent à penser que la co-exposition a pu entraîner le stade très précoce de la résurgence. La constatation de ces auteurs est particulièrement importante pour les pays où les transmissions communautaires sont contenues ou supprimées.

Les lignes directrices régionales sur la prévention et le contrôle de la COVID-19 devraient intégrer la surveillance des produits importés de la chaîne du froid, en particulier ceux des régions épidémiques de la COVID-19.

---

[154] https://academic.oup.com/nsr/article/7/12/1861/5936602

[155] https://www.biorxiv.org/content/10.1101/2020.11.16.385468v1.full#ref-10

Une équipe de chercheurs du NFVRC (National Food Virology Reference Center) a examiné la bio-persistance du virus sur différents produits frais[155] (tomates, pommes, concombres). Aucun virus infectieux n'a été détecté au-delà de 24 heures sur les pommes et les tomates, tandis que le virus persistait sous forme infectieuse durant 72 heures sur les concombres.

La stabilité de l'ARN viral a été examinée par RT-PCR (ddRT-PCR) : aucune réduction considérable de l'ARN viral durant 72 heures n'a été observée sur ce légume. Aucun autre légume n'a été testé dans l'étude. Les auteurs considèrent que la voie de transmission féco-orale doit être envisagée.

**Importé des Etats-Unis**

Plus récemment, un échantillon d'aliments surgelés importés dans la ville de Wuxi[156], province chinoise du Jiangsu, avait déjà été testé positif au nouveau coronavirus, annoncent mi-décembre 2021 les autorités locales. L'échantillon avait été prélevé sur un lot de tranches d'oreilles de porc importé des Etats-Unis dans le cadre d'un dépistage régulier, avant l'entrée de tout aliment surgelé importé dans l'entrepôt de stockage frigorifique de la ville, selon le bureau de la prévention et du contrôle des épidémies.

Aucun de ces produits n'avait été distribué sur le marché local. Les autorités sanitaires ont scellé et désinfecté les aliments, alors que les personnes en contact avec les produits contaminés ont été placées en quarantaine.

La Chine a intensifié ses efforts pour bloquer la propagation de la COVID-19 via les aliments importés, alors que le ministère des Transports publie en novembre une ligne directrice pour empêcher la transmission de la COVID-19 via les aliments de la chaîne du froid importés par la route et les voies navigables.

---

[[156]] http://french.xinhuanet.com/2020-12/16/c_139594102.htm

[[157]] https://asiatimes.com/2020/11/china-seeks-to-flip-the-script-on-COVID-blame-game/

**La Chine surveille l'importation d'aliments et de leurs emballages en liaison froide**

En Chine, Wu Zunyou, l'épidémiologiste en chef, affirme via un article du journal Asia Times[157] que « les cas transmis localement sur le marché Xinfadi de Pékin ainsi que sur les marchés et les communautés de Dalian et de Qingdao au cours des derniers mois seraient tous liés au virus trouvé sur l'emballage des aliments surgelés importés vendus dans ces endroits »

« Ensuite, nous nous demandons si l'apparition sur le marché de Huanan à Wuhan en décembre dernier pourrait avoir quelque chose à voir avec des aliments importés également... Cela peut être un nouvel indice dans nos enquêtes épidémiologiques continues », déclare-t-il.

Wu Guizhen, l'expert en chef de la biosécurité du CDC (Centre de contrôle des maladies) de Chine déclare qu'il est peut-être temps de « prendre en compte de nouvelles voies » dans les enquêtes sur les origines du virus. « Un indice, selon elle, est en effet le marché Xinfadi de Pékin lui-même.

La source pourrait effectivement être des aliments congelés contaminés venant d'ailleurs, et l'environnement du marché n'a fait que faciliter la propagation du virus. Cela pourrait être la même chose avec le marché de Huanan de Wuhan », explique Wu.

**Usines agro-alimentaires : un risque à la source**

Une étude pré-publiée a été menée dans 116 usines agroalimentaires[158] dans le monde entre le 17 mars et le 3 septembre 2020. 278 échantillons (1,23%) se sont révélés positifs au SARS-CoV-2. 53% (62/116) des établissements avaient au moins un test positif. Les surfaces le plus souvent positives étaient les barres et poignées de porte : 93 (33,45%).

---

[158] https://www.medrxiv.org/content/10.1101/2020.12.10.20247171v1

Les autres surfaces positives pour le SARS-CoV-2 étaient des tables/comptoirs (21), des appareils informatiques (20), des distributeurs de désinfectant (17), des interrupteurs (12), des rails (12), des chaises, bancs (11) et horloges (10).

Dans l'un des établissements, des tests environnementaux initiaux positifs élevés (40%), les comparaisons des échantillons humains et environnementaux, ont montré que 10,90% des échantillons humains et 8,54% des échantillons environnementaux étaient positifs au virus. Cela montre qu'en l'absence de tests effectués par le personnel, les tests environnementaux pour le SARS-CoV-2 pourraient indiquer des infections humaines actives.

Au total, la filière alimentaire, les employés de la chaîne logistique, des commerces alimentaires ou les clients qui entrent dans les supermarchés ont tout intérêt à améliorer leur pratique de lavage des mains qui sera déterminante dans la lutte contre la COVID-19.

**Le virus fait le tour des marchés**

On sait que le virus est présent dans la salive et dans les selles. Par la parole, les cris, la toux, la projection de salive est une source reconnue de transmission de la COVID d'un individu à un autre.

La projection de salive et les mains souillées du fait d'une hygiène insuffisante après les toilettes peuvent également contaminer l'environnement et les surfaces touchées comme des aliments ou leurs emballages.

Si pour les aliments cuits, le risque est nul, pour les aliments qui sont consommés crus, les fruits et légumes, il est théoriquement possible qu'un aliment contaminé puisse être à l'origine de la pénétration du virus par voie orale entraînant la maladie.

---

[[159]] https://www.euronews.com/video/2020/05/01/in-peru-food-markets-have-become-the-epicentre-of-COVID-19-contagion

On pense que le coronavirus est apparu pour la première fois sur un marché de fruits de mer et d'animaux sauvages à Wuhan, dans la province du Hubei. Qu'en est-il des producteurs et marchés de fruits et légumes ?

Au Pérou[159], les marchés alimentaires sont devenus l'épicentre de la contagion de la COVID-19. Malgré 1051 morts et 36976 malades du coronavirus, principalement à Lima et dans la région de Lambayeque au Pérou, les habitants qui s'aventurent à faire leurs courses aident à propager le virus.

A Lima, où vivent environ 10 millions de personnes, les marchés alimentaires sont devenus l'une des principales sources de contagion selon les autorités, car de nombreux acheteurs ne portent pas de masque. Sur le marché de Caquetá, 163 commerçants ont été testés positifs au virus, après 842 tests rapides. « Les marchés étaient probablement le principal vecteur d'infection, c'est pourquoi la quarantaine au Pérou n'a pas fonctionné comme elle aurait dû », constate Eduardo Zegarra, chercheur principal de Grade, un groupe de réflexion sur le développement à Lima.

Au Brésil[160], le marché de gros du CEAGESP de São Paulo, l'un des plus importants du continent, a déjà vu « d'innombrables » cas et une trentaine de décès dus à la COVID-19, selon le président du syndicat des fournisseurs du marché. Les médias ont montré des foules d'acheteurs et de travailleurs sur les marchés brésiliens, la plupart sans masque.

Dans un reportage de TV Record, Diego Hipólito déclare que son oncle, un chauffeur, se rendait quotidiennement au marché et continuait à travailler lorsqu'il est tombé malade des symptômes du coronavirus avant de finalement mourir. « Je pense qu'il aurait pu le transmettre », a-t-il déclaré.

---

[[160]] https://www.theguardian.com/world/2020/may/17/coronavirus-latin-america-markets-mexico-brazil-peru

[[161]] https://www.nytimes.com/2020/09/23/world/americas/mexico-coronavirus-COVID-iztapalapa.html

Au Mexique[161], le coronavirus a pris d'assaut les vastes passages quadrillés du Central de Abasto, le plus grand marché de produits de l'hémisphère occidental. Le Central de Abasto s'étend sur 1,2 miles, avec des couloirs sans fin de fruits et légumes qui fournissent 80 % de la capitale.

Chaque jour, des camions arrivent de pratiquement tous les coins du pays, transportant des avocats, des melons, des ananas et des oignons à la tonne.

Les médecins et les responsables affirmaient que la flambée d'infections les avait submergés. Elle est devenue l'épicentre, le cœur grouillant d'un quartier qui a enregistré plus de décès COVID que toute autre partie de la capitale, qui est elle-même le centre de la crise nationale.

Pedro Torres, président du syndicat des producteurs de fruits et légumes, constate que 50 personnes qu'il connaissait sont décédées à la fin du mois de mai. Des dizaines de morts sur le marché, peut-être des centaines. Même le gouvernement ne le sait pas avec certitude.

Aux USA[162], à la fin du mois de mai 2020, il y avait plus de 600 cas de COVID-19 parmi les travailleurs agricoles du comté de Yakima, Washington. Parmi ceux-ci, 62% étaient des travailleurs de l'industrie de la pomme et d'autres opérations d'emballage ou entrepôts, selon les données des responsables de la santé du comté.

Le département de la santé du comté de Monterey, en Californie, connu comme « le saladier du monde » pour ses vastes fermes maraîchères, a rapporté que 247 travailleurs agricoles avaient été testés positifs au coronavirus au 5 juin, soit 39% du total des cas du comté.

Dans le comté adjacent de Kern, opacité sur les cas survenus chez Grimmway, le plus grand producteur au monde de « carottes miniatures » pour le

---

[[162]] https://www.reuters.com/article/us-health-coronavirus-usa-farmworkers-idUSKBN23I1FO

grignotage qui domine le marché des emballées. Un salarié de 53 ans y est décédé le 30 avril 2020. Un employé anonyme de Grimmway déclare qu'il y a tant de travailleurs malades, que son équipe est réduite à un tiers. Grimmway a refusé de dire combien de travailleurs avaient été testés positifs pour le virus.

En parallèle, les ventes de carottes dans les magasins américains ont augmenté de 22% par rapport à l'année précédente, dans les 13 semaines jusqu'au 30 mai, car les Américains achètent presque toute leur nourriture dans des supermarchés, avec des restaurants fermés pendant le confinement.

Dans l'État du Michigan, la sénatrice américaine Debbie Stabenow, déclare dans une interview destinée aux travailleurs agricoles que « les risques augmentent à mesure que des fruits comme les pommes et les cerises entrent dans la saison de récolte ». En Floride, de nombreux cas de COVID sont également identifiés près d'Immokalee, chez un producteur qui cultive des tomates.

**Méga cluster**

En Inde[163], le marché aux légumes de Koyambedu dans la ville de Chennai, un des plus importants d'Asie, a ainsi généré un méga cluster fin avril menant à sa fermeture temporaire. Il est généralement approvisionné en tomates transportées par camions à partir de l'État voisin d'Andra Pradesh.

On y vend aussi des céréales, des légumes, des fruits et des fleurs chaque jour, attirant de la sorte plusieurs dizaines de milliers d'acheteurs.

Avec les commerçants, les journaliers et les camionneurs, la fréquentation moyenne se situe à environ une centaine de milliers de personnes. Le patient zéro serait une marchande de légumes de 54 ans vivant à Chennai.

---

[163] https://www.bbc.com/news/world-asia-india-52674639

Elle aurait mené à 45 cas positifs dont 4 ont travaillé sur le marché.

Dans le district de Cuddalore, 114 personnes qui travaillaient pour le marché de Koyambedu ont été testées positives sur une seule journée. 80% des 348 cas positifs dans un autre district, Ariyalur, ont été retracés sur le marché dont beaucoup étaient des travailleurs salariés journaliers.

Le 8 mai, les responsables du Tamil Nadu ont déclaré que 1 589 cas positifs dans l'État pouvaient être attribués au marché. Le lendemain, ce nombre était passé à 1 867.

En Chine[164], la plus forte nouvelle augmentation quotidienne de cas depuis la mi-avril est signalée le 13 juin 2020 avec 57 nouvelles infections selon la Commission Nationale de la Santé. Sur les 38 cas locaux, 36 se trouvaient à Pékin et les autorités de la ville ont déclaré qu'ils travaillaient au marché ou l'avaient visité récemment. Le marché de Xinfadi a été fermé tôt pour freiner la propagation[165]. Sur les plus de 500 échantillons collectés ensuite, les 45 personnes qui ont été testées positives au COVID-19 ne présentaient aucun symptôme clinique.

Le virus est partout, invisible, insaisissable. Et c'est bien logique, explique le Pr Didier Raoult dans une interview du 3 février 2021. « Les virus sont vivants, ils changent sans arrêt, ils sont sélectionnés, ils s'adaptent. Ce ne sont pas des objets, si on comprend que ce ne sont pas des objets, on comprend que c'est une lutte qui sera très longue et complexe, imprévue et pleine de surprises. »

Il avait bien raison !

---

[164] https://www.bloomberg.com/news/articles/2020-06-13/beijing-shuts-biggest-vegetable-market-after-45-COVID-19-cases?leadSource=uverify%20wall

[165] https://www.bloomberg.com/news/articles/2020-06-13/beijing-shuts-biggest-vegetable-market-after-45-COVID-19-cases

# Chapitre 13

## Le remède pire que le mal

Le virus SARS-CoV-2 est un microbe qui mute, s'adapte, se transforme, il « disparaît » un temps puis « réapparaît » brusquement à la faveur d'un environnement favorable que les scientifiques ont du mal à saisir. On parle de vagues épidémiques qui semblent suivre une courbe en forme de cloche ; les mathématiciens l'appellent la courbe de Gauss, avec une phase ascendante, un sommet et une phase descendante.

La première vague a commencé au début de l'année 2020, avec les premiers cas enregistrés en France le 24 janvier. Le pic a été atteint le 14 avril 2020 avec plus de 32.000 personnes hospitalisées. L'épidémie flambe. Les autorités politiques sont d'autant plus désorientées que chercheurs et scientifiques du monde entier ont des avis divergents sur le nouveau coronavirus. De nombreux pays ferment leurs frontières. Mais quelques jours plus tard, avec l'arrivée du printemps, le nombre de cas régresse et les Français partent en vacances un peu plus rassurés.

Pas pour longtemps. A la rentrée de septembre, le virus reprend de plus belle avec les premiers frimas. Le 26 octobre 2020, le Conseil scientifique présidé par Jean-François Delfraissy[166] annonce « une accélération importante du nombre de nouveaux cas journaliers, de type quasi exponentielle (autour de 50 000 cas diagnostiqués, correspondant probablement à 80 000 - 100 000 infections réelles par jour, compte tenu d'une proportion importante de cas non diagnostiqués). »

Cette deuxième vague va durer de septembre à novembre 2020.

---

[166] https://fr.wikipedia.org/wiki/Jean-Fran%C3%A7ois_Delfraissy

Elle sera suivie d'une troisième vague, de mars à avril 2021. « Oui, la troisième vague est là, et elle nous frappe durement » annonce le Premier ministre, Jean Castex, devant l'Assemblée Nationale le 1er avril 2021. Le pic de la 3e vague est atteint le 12 avril 2021 pour les hospitalisations.

La généralisation du pass sanitaire, le 9 juin 2021, incite les Français à se faire vacciner massivement pour aller au cinéma, au restaurant ou pour voyager. Ce qui permet, provisoirement, de faire redescendre la courbe des hospitalisations. Le pic de la 4e vague est atteint à la mi-août 2021.

Arrive le variant Delta, plus contagieux que les précédents et qui sera à son tour balayé par le variant Omicron et ses mutants. La cinquième vague va durer de novembre 2021 à février 2022. Le pic est atteint le 7 février 2022 avec plus de 33 000 personnes hospitalisées.

La sixième vague sera de courte durée, de fin mars à mi-avril 2021.

Fini ? Pas encore. Une septième vague est enregistrée en juillet 2022. Mais elle n'est ni très haute, ni très forte. Une vaguelette due à deux sous-variants d'Omicron baptisés BA.4 et BA.5.

En septembre 2022, nouveau rebond épidémique que l'on appelle aussi huitième vague. Elle semble due à la rentrée scolaire et à l'émergence d'autres pathologies saisonnières, comme la grippe. Une épidémie de bronchiolite chez les nourrissons inquiète les autorités sanitaires.

A tel point que le gouvernement déclenche le plan ORSAN (organisation de la réponse du système de santé en situations sanitaires exceptionnelles) pour faire face à cette vague inexpliquée de bronchiolites. Nous en reparlerons.

Fin novembre, début décembre 2022, le froid s'installe peu à peu et, avec lui, les virus de l'hiver. Le variant BQ1.1 du coronavirus est au nombre des nouveaux arrivants et déclenche une neuvième vague.

Il y en aura sans doute d'autres puisque le virus ne cesse de s'adapter à son environnement. Santé Publique France rappelle que la souche SARS-CoV-2 de Wuhan, est apparu en fin d'année 2019 en Chine. Il est devenu majoritaire en mars 2020. Les variants Beta et Gamma ont également circulé au premier semestre 2021, de manière toutefois moindre. Le variant Delta est apparu en mai 2021 et a rapidement remplacé les précédents. Il est devenu majoritaire en France en juillet 2021 et représentait plus de 99% des variants circulants à partir du mois d'août 2021.

Le variant Omicron est le dernier variant préoccupant (VOC) apparu, fin novembre 2021 et sa diffusion est croissante. Les variants sont eux-mêmes porteurs de mutations qui les distinguent des souches virales de référence du SARS-CoV-2. Ainsi vont apparaître les sous-variants BA.4 et BA.5 puis BQ1.1 etc.

**Vaccination massive et sous contrainte**

Comment se protéger ? Pour les autorités sanitaires et politiques seule la vaccination massive et sous contrainte des populations peut apporter une réponse efficace à la pandémie. Même si de nombreux scientifiques doutent ou parfois s'opposent à cette stratégie vaccinale trop dépendante des laboratoires pharmaceutiques et calquée sur leur communication anxiogène.

Revenons aux fondamentaux avec Jean-Marc Sabatier.Pour se protéger d'une attaque du coronavirus, il faut apprendre à notre système immunitaire à se défendre. C'est le but de la vaccination.

Pour lui apprendre à se défendre, il faut lui présenter (avant d'être infecté par le virus) des morceaux de ce virus, à savoir une ou plusieurs de ses protéines virales. Pour l'aider à neutraliser le virus SARS-CoV-2, il faut que le système immunitaire le reconnaisse. Cette reconnaissance se fait via l'injection d'un ou plusieurs antigènes viraux, ou par la production de ces antigènes par l'organismc.

Dans la majorité des vaccins actuels, on cible la production (par notre organisme) de la protéine spike du SARS-CoV-2 à l'aide de vaccins à ARNm (vaccins de Pfizer-BioNtech ou de Moderna) ou de vaccins à vecteurs viraux exprimant cette protéine (vaccins AstraZeneca et Janssen). Dans le cas des vaccins chinois (par exemple le vaccin Sinopharm), on injecte directement la particule virale entière dont on a neutralisé le pouvoir infectieux par un traitement chimique préalable.

Les vaccins à ARNm sont constitués d'un ARN messager protégé au sein de gouttelettes de nanoparticules lipidiques. Ces ARN messagers codent pour la protéine S (dite Spike) modifiée du virus SARS-CoV-2. Cette protéine S produite par la cellule va servir à stimuler le système immunitaire de l'hôte (la personne vaccinée), dans le but de lui apprendre à reconnaître et à neutraliser le virus en cas d'infection ultérieure au SARS-CoV-2.

Quant aux vaccins à vecteur viral AstraZeneca et Johnson & Johnson, ils utilisent des virus modifiés (aussi appelés virus recombinants). Ces virus sont modifiés pour être atténués et pour coder la protéine S du SARS-CoV-2. Le vaccin AstraZeneca utilise un adénovirus de chimpanzé ; le vaccin Johnson & Johnson un adénovirus humain.

En principe, les vaccins utilisés doivent être efficaces (contre le virus) et inoffensifs (pour notre organisme). Les vaccins utilisés depuis le début de la lutte anti-COVID -dits de première génération- ne sont pas dépourvus d'effets secondaires potentiels chez les personnes vaccinées, ce qui signifie qu'ils ne sont malheureusement pas toujours inoffensifs suivant les personnes : c'est un problème majeur.

D'autre part, ces vaccins ont perdu de leur efficacité initiale, avec l'apparition de nouveaux virus « différents » (variants du SARS-CoV-2, dont les variants Delta et Omicron). En effet, certaines personnes vaccinées peuvent être infectées par le SARS-CoV-2 et ses variants, et transmettre le virus à d'autres personnes.

Il y a donc deux problèmes majeurs à résoudre : augmenter l'efficacité et l'innocuité vaccinale.

Comment ? Pour augmenter l'efficacité des vaccins, explique Jean-Marc Sabatier, il faut modifier les compositions vaccinales puisqu'elles ne sont pas satisfaisantes. Il semble impératif d'inclure dans ces vaccins des antigènes viraux « modifiés », voire de « nouveaux » antigènes viraux.

Pour augmenter l'innocuité des vaccins de 2ème génération, il y a deux problèmes à résoudre (sans considérer les adjuvants de ces vaccins qui ont une grande importance et qui peuvent également être optimisés ou remplacés par d'autres molécules).

1- Dans le cas des vaccins basés sur la protéine spike, il est nécessaire que les protéines spike produites ne soient pas capables de se fixer sur leur récepteur ECA2 afin de ne pas déclencher une réponse physiologique qui serait une suractivation du récepteur « délétère » AT1R. En effet, cette suractivation du récepteur AT1R médiée indirectement par la protéine spike vaccinale est à l'origine des maladies de la COVID-19 (e.g. thrombose, myocardite, péricardite, etc.) observées chez certaines personnes vaccinées. Pour cela, il est indispensable de modifier la structure de la protéine spike vaccinale.

2 - Le second problème à résoudre est lié aux phénomènes « ADE » (« Antibody-dependent enhancement » ou facilitation de l'infection par les anticorps) et « ERD » (« Enhanced respiratory diseases » ou facilitation des maladies respiratoires).

Les phénomènes « ADE » et « ERD » facilitent l'infection des cellules par le SARS-CoV-2, ce qui n'est évidemment pas souhaitable dans le cadre d'une vaccination.

Finalement, l'injection d'une troisième (puis quatrième) dose vaccinale a pour but d'accroître la production des anticorps « neutralisants ».

Ces anticorps sont capables de neutraliser le virus et sont donc provisoirement protecteurs.

Néanmoins, il est vraisemblable que les rappels vaccinaux multiples augmentent -en parallèle- la proportion des anticorps « facilitants » (ces anticorps ne protègent pas mais facilitent l'infection des cellules cibles par un nouveau variant du SARS-CoV-2), modifiant défavorablement le rapport bénéfice/risques anticorps « neutralisants » / anticorps « facilitants ».

Ceci conduit à un effet opposé à celui recherché, avec des personnes vaccinées plus sensibles à une infection ultérieure au SARS-CoV-2 (variant « Delta » ?) et à ses effets délétères ou létaux.

Le « remède » peut donc être plus grave que le mal sur les personnes vaccinées puis infectées par un nouveau variant du SARS-CoV-2.

**Vaccins anti-COVID déconseillés pour les enfants**

Au cours de l'été 2021, le variant Delta se propage en France. Celui-ci présente une réplication (multiplication) plus rapide et une charge virale supérieure (environ 1260 fois) au virus initial (Alpha). Pourtant, s'il se réplique beaucoup plus vite, le variant Delta semble dix fois moins létal que le virus de la première vague (létalité de 0,2% pour le variant Delta à comparer à une létalité de 1,9% pour la souche initiale Alpha).

Par conséquent, les campagnes de vaccination se poursuivent. Les différents vaccins ont en commun des effets secondaires fréquents qui, dans certains cas, peuvent être graves. Les effets délétères majeurs semblent reposer sur la protéine S vaccinale qui paraît capable de se fixer sur la cible du virus SARS-CoV-2, c'est-à-dire le récepteur ECA2 (enzyme de conversion de l'angiotensine 2)[167].

---

[[167]] https://infodujour.fr/societe/49899-COVID-19-comprendre-les-effets-secondaires-des-vaccins

Bien que des effets secondaires mineurs (et transitoires) puissent être associés à certains composés/adjuvants présents dans la composition vaccinale, les effets majeurs reposent sur la production d'une protéine S qui, elle-même, est délétère. En fait, il apparaît que la protéine S seule (dans sa forme trimérique) soit capable de se fixer sur le site récepteur du virus SARS-CoV-2 et de déclencher une réponse physiologique comparable à celle du virus entier.

Cela pose question. Faut-il vacciner aussi les enfants ? « A ce jour, il apparaît déraisonnable de vacciner les enfants, car les enfants sont très peu sensibles au virus SARS-CoV-2 et ses variants, contrairement aux adultes, explique Jean-Marc Sabatier. De plus, les infections des enfants au virus SARS-CoV-2 (et variants) ne conduisent quasiment jamais à des formes très graves de la COVID-19.

La létalité chez les enfants est à ce stade quasiment nulle. En outre, comme la vaccination ne bloque pas la transmission potentielle du virus, elle n'apparaît pas utile chez les enfants. Ajoutons que nous n'avons pas assez de recul sur ces vaccins (notamment pour les vaccins à ARNm), et que le rapport bénéfice/risque n'est clairement pas en faveur de la vaccination des plus jeunes. »

Si l'on peut comprendre l'urgence d'une vaccination massive pour enrayer la propagation du SARS-CoV-2, cette vaccination en pleine pandémie présente l'inconvénient de conduire aussi à l'émergence de variants du virus qui peuvent-être plus ou moins infectieux, et plus ou moins létaux.

En effet, le pouvoir infectieux du variant Delta est supérieur à la souche initiale Alpha parce qu'il se réplique (et propage) plus vite et que la charge virale associée est environ 1260 fois supérieure à celle de la souche Alpha, comme nous l'avons dit plus haut.

Néanmoins, le variant Delta apparaît beaucoup moins dangereux avec une mortalité diminuée de 3 log (facteur 1000) par rapport à la souche Alpha.

Il entraîne moins de formes graves et létales de la COVID-19. Apparemment ce virus reste préférentiellement localisé au niveau des voies aériennes supérieures, ce qui en fait un virus SARS-CoV-2 de moins grande dangerosité.

Il est donc fort probable que l'on évoluera à l'avenir vers des variants plus contagieux du SARS-CoV-2, mais moins dangereux et létaux, à l'instar du variant Delta.

**Problèmes cardio-vasculaires chez les jeunes**

A l'évidence, la vaccination à grande échelle produit des effets secondaires à grande échelle. « Je reçois de nombreux jeunes pour des problèmes cardio-vasculaires, reconnaît ce médecin cardiologue de Lorraine qui préfère rester anonyme pour éviter les foudres du Conseil de l'ordre.

Mon cabinet ne désemplit pas. C'est la même chose chez mes confrères. Les effets du vaccin ? Forcément, mais il ne faut pas le dire ! »

Médecins et scientifiques s'interrogent et s'inquiètent sérieusement des effets secondaires graves des vaccins anti-COVID et leur implication dans la dégradation de l'immunité naturelle, à force d'injecter le même antigène dans le corps.

C'est ce que soutient cette étude publiée dans la Revue Médicale Suisse[168] en précisant que « La pathogenèse de la COVID-19 peut impliquer un mécanisme bien connu qui pourrait avoir des implications sur la maladie[169]: celui des anticorps facilitants (ADE en anglais) décrits très tôt par Jean-Marc Sabatier et Jacques Fantini[170].

---

[168] https://www.revmed.ch/COVID-19/anticorps-facilitants-et-pathogenese-du-COVID-19

[169] https://contre-pouvoir.info/2022/06/COVID-19-les-limites-de-la-vaccination/

[170] https://infodujour.fr/sciences/53932-vaccins-dangers-immediats-et-a-long-terme-de-la-3eme-dose

Autrement dit, plus on vaccine et plus on favorise l'émergence de la maladie et plus on crée de nouveaux variants toujours plus résistants aux vaccins.

Un exemple concret, en Allemagne.

La revue « eugyppius[171] » publie une carte établie le 28 juin 2022 par l'Institut Robert-Koch[172] (équivalent allemand de l'Institut Pasteur) intitulée : « Omicron BA.5 préfère les Allemands de l'Ouest hyper vaccinés et masqués et évite l'ancienne RDA. »

En effet, on distingue nettement la frontière entre l'ex-Allemagne de l'Est et l'ex-Allemagne de l'Ouest sur cette carte.

Explication : « Les Allemands de l'Est ont une expérience directe de la propagande gouvernementale et se sont montrés plus résistants à la campagne de vaccination que les Occidentaux. Leur récompense, après avoir été beaucoup dénigrés par les médias d'État, est maintenant un niveau plus élevé d'immunité naturelle et un taux plus faible d'infection par le BA.5, qui semble préférer les populations vaccinées. »

**Le vaccin plus dangereux que le virus**

Les constats se multiplient qui vont dans le même sens. « La situation ne cesse de s'aggraver pour les vaccinés. »

« C'est la saison Omicron, de mars à juin (la fin de la saison de la grippe). Les hôpitaux, les compagnies aériennes n'ont pas de personnel pour cause de maladie. Or, les vaccins étaient obligatoires » twitte le DKS Data Consulting Group[173] (Canada) Un Tweet censuré depuis.

---

[171] https://www.eugyppius.com/p/omicron-ba5-prefers-hypervaccinated

[172] https://twitter.com/Carene1984/status/1542138628859740160

[173] https://twitter.com/dksdata/status/1542342635167293441

« L'explosion de décès dans les pays les plus boostés, met en évidence une virulence accrue pour les multi-injectés » affirme de son côté le blog du Pr Patrice Gibertie[174].

Augmentation des cas d'infection au SARS-CoV2, des hospitalisations et des décès parmi les populations âgées vaccinées pendant la poussée du variant Omicron (B.1.1.529) au Royaume-Uni, confirme le site de prépublications scientifiques MedRvix[175].

En France ? « Du 1er janvier au 13 juin 2022, 306 524 décès, toutes causes confondues, sont enregistrés en France à la date du 24 juin 2022, soit 6,5 % de plus qu'en 2019 (+ 18 623 décès).

Ce nombre est toutefois encore provisoire et sera révisé à la hausse dans les prochaines semaines » écrit l'INSEE[176].

Un lien avec la COVID-19 ou avec les vaccins ? Pour l'instant, on ne sait pas. Ce que l'on sait en revanche, c'est que le vaccin Pfizer, le plus injecté en France, lorsqu'il est apparu il y a 18 mois, devait être maintenu à une température de -70° C. Aujourd'hui, les vaccins sont conservés dans un simple réfrigérateur à +3 ou + 4 degrés. Ce vaccin a été conçu pour combattre la souche initiale dite de Wuhan.

Or, celle-ci a complètement disparu pour laisser place aux nombreux variants qui ont pris la suite, jusqu'aux BA.4 et BA.5 puis BQ1.1. On peut donc se demander quelle est l'efficacité de ce vaccin sur les nouvelles formes du virus. Et si les énormes stocks engrangés par l'Europe ont été renouvelés ou pas.

---

[[174]] https://pgibertie.com/2022/06/26/lexplosion-de-deces-dans-les-pays-les-plus-boostes-met-en-evidence-une-virulence-accrue-pour-les-multidoses/

[[175]] https://www.medrxiv.org/content/10.1101/2022.06.28.22276926v1

[[176]] https://www.insee.fr/fr/statistiques/6206305

Toujours est-il que les vaccins anti-COVID sont la cause de bien des tourments pour les vaccinés. Exemple, Florence Hainon a 48 ans en 2021.

C'est une jeune femme dynamique, sportive, en pleine forme qui vit dans la région d'Avignon. Son fils aîné fait ses études en Suisse.

En pleine pandémie, elle souhaite se faire vacciner pour le récupérer pendant ses vacances estivales.

En juillet 2021, elle se fait vacciner avec le vaccin Pfizer. Elle sait qu'elle a un terrain allergique. Elle en parle à son allergologue pour faire un bilan et savoir à quoi s'en tenir.

Résultat : tous les vaccins lui sont interdits, sauf le Pfizer.

« Mercredi 28 juillet 2021, je me déplace au centre de vaccination de Montfavet, dit-elle. Réponse du médecin en lisant mon dossier : je vous vaccine, si réaction, vous ne pourrez pas porter plainte à mon encontre. Il faudra porter plainte contre l'État ».

Huit minutes après l'injection, Florence est en légère détresse respiratoire. Des plaques d'urticaire apparaissent. Elle est prise en charge par les pompiers.

Jeudi 29 juillet 2021. Rendez-vous chez le médecin généraliste pour un arrêt de travail, « car mon état se dégrade, dit-elle (forte fièvre, courbatures) ».

Le temps de rester dans la salle d'attente. Elle reçoit plusieurs appels téléphoniques de la Haute Autorité de Santé. On lui dit : « vous devez être contente, vous n'êtes pas morte du COVID ».

« Je reçois aussi un appel du service de pharmacologie de Marseille qui me contacte environ tous les 2-3 jours (le temps de mon arrêt) pour connaître les effets secondaires. »

« Vendredi 30 juillet 2021 fin d'après-midi, je m'urine dessus. Vraiment inquiétant. J'appelle les pompiers qui, par téléphone, m'indiquent qu'il s'agit probablement d'un effet secondaire de la vaccination. »

« Samedi 31 juillet 2021 : alors que j'accompagne ma fille de 15 ans à un anniversaire, je suis prise de maux de ventre. Consultation en urgence auprès d'un généraliste. Attestation : la patiente présente des symptômes Guillain-Barré. Je suis envoyée aux urgences où je passe une bonne partie de la nuit. Contractions aussi fortes que pour un accouchement. »

Les effets secondaires continuent : fièvre, nausée, vertiges, tension à 16 alors qu'habituellement elle varie entre 9 et 11.

Dernière semaine d'arrêt, œdèmes ulcéreux sur les jambes.

Florence reprend le travail le 19 août avec une fatigue intense et les soucis de sphincters paralysés.

« Début décembre, j'ai envoyé de nombreux mails à la Haute Autorité de Santé, au médecin généraliste, au service de pharmacologie de Marseille, afin de faire remplir le dossier pour m'éviter une deuxième dose. Personne n'a voulu le remplir…

Il m'a été très compliqué de récupérer le dossier médical rempli par le centre de vaccination. Mais j'y suis arrivée.

Entre temps, mon allergologue me contacte en me précisant que le service d'allergologie d'Aix-en-Provence me recevra en janvier pour me faire des tests. Hospitalisation afin d'être sous surveillance. Frais de déplacement non remboursés et jour de congés payés déduit.

Quelle galère ! Et quelle histoire ! »

# Chapitre 14

## Le scandale des soignants « suspendus »

« Il n'est pas question que je me fasse injecter ces faux vaccins. Je ne suis pas un animal de laboratoire. Je préfère quitter ma profession même si je ne sais pas comment je vais vivre désormais. »

Florence a les larmes aux yeux. A bientôt 50 ans, elle a fait sa carrière d'infirmière de bloc dans un grand hôpital de l'Est de la France. Elle est effondrée lorsqu'elle apprend, le 12 juillet 2021, de la bouche du président de la République, que la vaccination est rendue obligatoire pour les soignants mais aussi pour les personnels non soignants des hôpitaux, cliniques, maisons de retraite, établissements de soin. Les pompiers, les policiers et les gendarmes sont aussi concernés. La mesure sera effective à compter du 15 septembre 2021 et sera suivie, le cas échéant, de sanctions.

Comme tous ses collègues, Florence est confrontée à un choix crucial : soit conserver son emploi et accepter une série d'injections contre la COVID-19, soit être « suspendue » c'est-à-dire privée d'emploi, donc de salaire et sans pouvoir prétendre aux indemnités chômage.

Ils sont plusieurs milliers en France dans cette situation juridiquement floue. Les non-vaccinés ne sont pas licenciés, ils n'ont pas démissionné et pourtant il leur est interdit de travailler. La décision a été prise sans concertation, dans l'indifférence générale du public et des médias.

Pourquoi interdire au personnel non-vacciné de travailler ? Selon la loi du 5 août 2021 relative à la gestion de la crise sanitaire, l'obligation vaccinale vise trois objectifs principaux : réduire le risque pour les soignants d'être infectés et de développer une forme grave en permettant leur meilleure protection individuelle ; réduire le risque de transmission de la maladie, a fortiori aux personnes soignées, particulièrement fragiles, ou à leurs accompagnateurs ; préserver le système de santé en limitant l'absentéisme lié aux arrêts maladie pour COVID-19.

Reste qu'il s'agit d'une mesure d'une gravité inouïe. Elle s'inscrit dans un ensemble de dispositions plus générales destinées à faire la chasse aux réfractaires à la vaccination, énoncées par le Président de la République dans son discours du 12 juillet 2021.

Ainsi, le pass sanitaire sera obligatoire, dès le 21 juillet, pour accéder aux lieux de loisirs. Et, dès le 1er août, pour prendre le train ou l'avion, mais aussi pour aller au restaurant, dans une grande surface, et même pour se rendre… à l'hôpital ! Pour les enfants de plus de 12 ans « il [leur] faudra, pour accéder à un spectacle, un parc d'attractions, un concert ou un festival avoir été vacciné où présenter un test négatif récent ». Les tests PCR seront payants dès cet automne sauf prescription médicale. Une campagne de vaccination sera mise en place, dès la rentrée, pour les étudiants, les lycéens et les collégiens. Le contrôle aux frontières est renforcé pour les ressortissants en provenance des pays à risque. Une campagne de rappels sera mise en place pour les premiers vaccinés dès septembre.

« En fonction de l'évolution de la situation, nous devrons sans doute nous poser la question de la vaccination obligatoire pour tous les Français, mais je fais le choix de la confiance » précise encore Emmanuel Macron, le 12 juillet.

À peine énoncées, ces mesures provoquent de nombreuses et parfois violentes réactions sur les réseaux sociaux. Alors que 17.000 rendez-vous pour la vaccination sont pris chaque minute sur Doctolib depuis l'allocution du Président de la République, des milliers de messages sur les réseaux sociaux dénoncent « la dictature sanitaire ». Emmanuel Macron est comparé soit à Hitler, soit à Kim Jung Un.

« Je suis infirmière, je ne suis pas vaccinée et je m'y refuse » écrit une internaute. « Si on m'oblige à me faire vacciner, je démissionnerai. Nous sommes plusieurs à envisager cette option ».

Philippe de Villiers en rajoute : « Mon livre *Le jour d'après* est en train de se réaliser jour après jour. Ce soir, la France vient de basculer dans un régime totalitaire. Le gouvernement entend disposer de nos corps et de nos esprits. La liberté est morte. La résistance commence. »

De fait, les mesures imposées par le Président de la République sont loin de faire l'unanimité. Désormais, elles vont faire l'objet d'un large débat politique. Elles sont également contestées dans la rue. Malgré la canicule de cet été 2021, les manifs s'enchainent dans toutes les villes de France.

Médecins, infirmières, kiné, personnel des Ehpad et établissement de soins, sapeurs-pompiers… combien sont-ils à refuser la vaccination sous contrainte ? Le chiffre de 15.000 est cité par Olivier Véran.

Chez les personnels de santé libéraux on sait depuis le jeudi 18 novembre qu'ils sont 1350 à être réfractaires à la vaccination et, parmi eux, 160 médecins. Tous sont évidemment interdits d'exercer leur profession, a rappelé Thomas Fatôme, directeur de l'Assurance maladie au cours d'un point presse. C'est finalement très peu sur une population de 374.000 professionnels de santé qui exercent en France.

Même si les praticiens libéraux interdits d'exercer sont finalement peu nombreux (moins de 4%) leur retrait de la vie professionnelle provoque de grosses perturbations dans la prise en charge des soins, notamment dans certaines communes rurales où le personnel soignant n'est souvent pas très nombreux.

« Il y a un an, nous étions des héros, confie un médecin de Lorraine, nous étions obligés de travailler sans protection ou presque. Aujourd'hui, ceux qui refusent la vaccination sont accusés de tous les maux. On leur interdit même d'exercer leur profession. Ce monde est devenu fou. »

À Montpellier, le vice-président de la CPAM, Guylain Cabantous, dénonce l'attitude des pouvoirs publics : « Partout on manque de soignants, dit-il lors d'une manifestation, il n'y a pas assez de moyens pour soigner les gens et on empêche certains de travailler ».

La vaccination obligatoire, qui aurait fait fuir environ 10% du personnel soignant, ajoutée à la politique d'austérité récurrente et au manque criant de médecins, plongent de nombreux établissements de santé dans une situation catastrophique. Le climat social est de plus en plus tendu.

Médecin anesthésiste-réanimateur et fondateur du Collectif Santé en danger[177], Arnaud Chiche tire la sonnette d'alarme. Par manque de personnel soignant, et surtout de médecins-urgentistes, de nombreux hôpitaux sont au bord de la rupture.

Comme à Creil, dans l'Oise[178], où l'avenir de l'hôpital est compromis.

À Boulogne sur-mer[179], le SMUR est fermé un jour sur deux : sept médecins sur 18 ont quitté le service des urgences de l'hôpital Duchenne.

« Confrontée à des problèmes de continuité et de permanence des soins », la direction du Centre hospitalier de Saint-Calais[180], dans la Sarthe a dû fermer cet été le service d'accueil des urgences.

---

[177] https://collectif-sed.org/

[178] https://www.oisehebdo.fr/2020/11/30/creil-on-est-aux-portes-de-la-fermeture-de-lhopital/

[179] https://www.lavoixdunord.fr/852546/article/2020-08-17/
vague-de-demissions-aux-urgences-boulogne-le-smur-contraint-de-fermer

[180] https://www.ouest-france.fr/pays-de-la-loire/saint-calais-72120/saint-calais-nouvelle-fermeture-des-urgences-de-l-hopital-pendant-5-jours-7a647890-01ce-11ec-83cf-fc4fcd39fb80

À Condom, dans le Gers[181], par manque de médecins urgentistes, l'ambulance médicalisée n'est plus disponible la nuit et de plus en plus …

Au Havre[182], durant le week-end des 11 et 12 septembre, les urgences de la clinique des Ormeaux et de l'Hôpital privé de l'Estuaire ont dû fermer. Faute de médecins urgentistes à Bourges[183], des patients ont été redirigés vers les urgences de Saint-Amand-Montrond et Vierzon le 8 octobre.

Le « patron » des urgences du Chiva[184] (Ariège) lance un cri d'alarme pour « assurer la survie » du service.

Même chose du côté de Thionville (Moselle), Mende (Lozère) Briey (Meurthe-et-Moselle) Royan (Charente-Maritime), Ambert (Puy-de-Dôme), Bourgoin-Jallieu (Isère), Troyes (Aube), Marmande (Lot-et-Garonne), Bar-le-Duc (Meuse), Gray (Haute-Saône), Thiers (Puy-de-Dôme), Remiremont (Vosges), Nîmes (Gard), Calais (Nord), Saint-Omer (Pas-de-Calais), Lens (Pas-de-Calais), Douai (Nord)… La liste est encore longue.

L'offre de soins diminue, constatent tous les syndicats. Le syndicat Force Ouvrière santé dénonce la fermeture ou la suppression de plus de 1.800 lits d'hospitalisation au premier trimestre 2021 et demande au gouvernement de « rompe avec une approche essentiellement financière pour regarder les besoins de la population ».

---

[181] https://france3-regions.francetvinfo.fr/occitanie/gers/auch/gers-maire-condom-tire-sonnette-alarme-apres-nouveau-defaut-prise-charge-secours-1652710.html

[182] https://france3-regions.francetvinfo.fr/normandie/seine-maritime/havre/au-havre-des-services-d-urgence-prives-fermes-faute-de-medecins-urgentistes-2252578.html

[183] https://www.leberry.fr/bourges-18000/actualites/faute-de-medecins-urgentistes-a-bourges-des-patients-ont-ete-rediriges-vers-les-urgences-de-saint-amand-et-vierzon-durant-une-nuit_13850354/

[184] https://www.ladepeche.fr/2021/09/29/ariege-le-patron-des-urgences-du-chiva-lance-un-cri-dalarme-pour-assurer-la-survie-du-service-9820596.php

A Montélimar, dans la Drôme, Elsa, membre du personnel administratif, déléguée CGT et porte-parole du Collectif Unis (30.000 adhérents sur 63 départements) se bat contre l'obligation vaccinale qui prive les établissements de personnel soignant pourtant indispensable à leur bon fonctionnement. Elle-même a été « suspendue » sans salaire le 15 septembre dernier. « Sur les 1600 salariés de l'hôpital de Montélimar, 25 ont été suspendus à quoi il faut ajouter les arrêts maladies et les maternités, explique Elsa. D'ici à la fin décembre, 10% du personnel concerné par les problèmes de non-vaccination seront suspendus sans salaire. Sur la Drôme et l'Ardèche, plus d'une centaine de soignants ont refusé la vaccination et si l'on prend en compte les libéraux, nous sommes plus de 250. Nous sommes punis, comme à l'école. Le manque de personnel met en péril les patients ».

Cette obligation vaccinale des soignants fait l'objet de nouveaux débats au Parlement à l'été 2022. L'article 4 de la loi n° 2022-1089 du 30 juillet 2022 mettant fin aux régimes d'exception créés pour lutter contre l'épidémie liée à la COVID-19[185] prévoit ainsi : « Lorsque, au regard de l'évolution de la situation épidémiologique ou des connaissances médicales et scientifiques, telles que constatées par la Haute autorité de santé (HAS), l'obligation [...] n'est plus justifiée, celle-ci est suspendue par décret, pour tout ou partie des catégories de personnes ».

Saisie à la suite du vote de cette loi, la HAS, dans son avis du 21 juillet 2022, préconise le maintien de l'obligation vaccinale des personnels exerçant dans les établissements de santé et médico-sociaux. Suivant cet avis, le Gouvernement a maintenu, à ce stade, l'obligation vaccinale.

Ils et elles s'appellent Caroline Blondel, Gregory Pamart, Carole Fouché, Louis Fouché, Judith Rémy, Éric Loridan et Aurélie Colin. Ils sont tous soignants, médecins, psychologues, sage-femme... et tous interdits d'exercer leur métier...

---

[185] https://www.legifrance.gouv.fr/jorf/article_jo/JORFARTI000046114634

Ils racontent leur vécu, leur galère, mais aussi leurs espoirs dans un film-documentaire de Fabien Moine : « Suspendus… Des Soignants entre deux mondes ».

« L'idée est de participer à rééquilibrer les informations autour des soignants suspendus. Ou plutôt combler l'absence d'information dans les grands médias français. Créer une brèche dans l'omerta posée sur cette injustice honteuse qui consiste à avoir suspendu des dizaines de milliers de personnes dont le seul tort est de ne pas avoir accepté un traitement médical encore en phase expérimentale » explique le réalisateur de ce film-docu, Fabien Moine.

Pour savoir si la suspension des soignants est justifiée, il faut se tourner vers la science. L'Académie de Médecine, la Haute Autorité de Santé sont des institutions scientifiques de référence. Et pourtant on peut s'inquiéter de la pauvreté de leur argumentaire qui paraît plus politique et dogmatique que scientifique.

Un sujet vacciné infecté contamine-t-il moins ses proches qu'un sujet non vacciné ? Une partie de la réponse est donnée par une série de travaux récents.

Une étude menée selon une méthodologie PRISMA[186] nous indique que sur les quelques études disponibles, aucune différence significative du taux d'attaque n'était retrouvée selon le statut vaccinal pour les variants Delta et Omicron.

Alors que la vaccination est obligatoire pour le personnel des hôpitaux et des établissements médico-sociaux depuis septembre 2021, que le second rappel est maintenant recommandé par la DGS, certains indicateurs se dégradent.

En effet, les COVID contractés dans les hôpitaux et la proportion liée aux soins ne régressent pas malgré une couverture vaccinale de 100%, avec

---

[186] https://jamanetwork.com/journals/jamanetworkopen/fullarticle/2791601

un couteux pass vaccinal[187] contrôlé aux entrées qui semble inefficace. Le rapport de Santé Publique France de fin juin 2022 révèle en effet, sur le premier semestre « une augmentation de la part des transmissions lors des soins et liée aux visiteurs. Ces constats suggèrent une baisse de la vigilance au sein des établissements de santé ayant procédé aux signalements ».

Si le rapport note moins de soignants contaminés au sein de l'hôpital, il relève déjà 360 cas groupés (22% des cas) en moins de 6 mois comparés à environ 347 cas groupés sur toute l'année 2021 (13% des cas). Quand on sait qu'un cas groupé moyen comprend 10 contaminations, nous tournons autour de 3460 contaminations sur 6 mois déclarées en lien avec les seuls soins. La rupture dans l'application des mesures barrières (41 %), notamment lors des soins et de l'accueil des familles/visiteurs est une cause majeure relevée de COVID nosocomial dans ce rapport.

De trop nombreux experts raisonnent de manière binaire vaccinés/non vaccinés. Or la protection de la population est intrinsèquement dépendante de son immunisation. Les soignants suspendus, comme le reste de la population, ont été confrontés aux vagues successives de COVID. En mars 2020, ils étaient en première ligne et ont payé un lourd tribut, le vaccin n'étant pas disponible et les équipements de protection manquaient….

En juillet 2022, combien ont rencontré une des versions du virus en France ? Mystère…

Les transparentes données de l'United Kingdom Health Security Agency (UK-HSA) permettent de constater que la présence d'anticorps (sérologies anti-S positives) dans la population des donneurs de sang est de quasiment 100%.

---

[[187]] https://www.ouest-france.fr/sante/virus/coronavirus/pass-sanitaire/le-passe-sanitaire-a-l-hopital-entrainerait-un-surcout-de-60-millions-d-euros-selon-leur-federation-721d40a4-f526-11eb-bec3-d26516d4f375

En effet, la vaccination et l'infection naturelle ont permis de retrouver des anticorps chez précisément 99.4% des donneurs de plus de 17 ans sur la période étudiée, du 31 janvier au 27 mars 2022.

L'immunité par le biais des Anticorps de type N, preuve de la rencontre du virus entier, concernerait, elle, environ 45% de la population.

On sait maintenant que l'infection naturelle, si elle n'évite pas une réinfection par un variant émergent récent type BA.4 ou BA.5 (comme la vaccination d'ailleurs), favorise fortement l'immunité muqueuse, essentielle à faire barrière à la transmission.

Ainsi, une étude publiée en mars 2022[188] montre que l'activité neutralisante de la salive concernait 45 % des sujets infectés non vaccinés, mais n'a été détectée que chez 10,3 % de sujets vaccinés : elle est cependant de 92,6 % chez les sujets vaccinés et infectés. L'infection joue vraisemblablement un rôle crucial dans l'immunité de première ligne qui se situe dans l'oropharynx.

Stigmatiser en 2022 les personnes non-vaccinées qui ont majoritairement rencontré le virus est éthiquement inacceptable.

Laisser les soignants suspendus en dehors du système de santé à l'agonie est proprement scandaleux et devrait interroger l'opinion. En parallèle, faire travailler des soignants positifs infectés est préoccupant.

Que ce soit Antoine FLAHAUT, épidémiologiste de renommée mondiale, Patrick PELLOUX, président de l'Association des médecins urgentistes hospitaliers de France ou le cardiologue du CHU de Grenoble et député LR de l'Isère, Yannick NEUDER, de nombreux médecins, scientifiques et politiques plaident ouvertement pour la réintégration des soignants, car il n'y a plus de justification scientifique à leur exclusion.

---

[188] https://www.frontiersin.org/articles/10.3389/fimmu.2022.820250/full

Le Royaume-Uni a suspendu l'obligation vaccinale[189] en mars 2022 pour les soignants : la décision de suspendre a été validée par 90% des 90.000 participants à une consultation publique sur le sujet.

Dans un communiqué, le ministre de la Santé Sajid Javid estimait en début d'année « qu'avec une population mieux vaccinée et des taux d'admission à l'hôpital plus faibles, c'était la bonne chose à faire ».

Pourquoi la France ne suit-elle pas ?

En Italie, ce fut l'une des premières mesures de la nouvelle chef du gouvernement italien, Giorgia Meloni, qui a réintégré quelque 4.000 soignants « suspendus » depuis plus d'un an pour avoir refusé de se faire vacciner contre la COVID-19. Une décision de bon sens saluée par toute la classe politique.

En France, il n'est toujours pas question de réintégrer les soignants suspendus. On mesure l'absurdité de cette mesure quand on sait, d'une part, que l'hôpital manque cruellement de médecins, d'infirmiers, et autres soignants et, d'autre part, que la vaccination n'empêche ni l'infection, ni la transmission. C'est si vrai que des médecins et des infirmiers testés positifs à la COVID-19 ont continué à soigner soit dans leur cabinet de ville, soit à l'hôpital.

Le scandale n'est pas sanitaire. Il est politique.

Emmanuel Macron n'a-t-il pas déclaré très officiellement qu'il voulait « emmerder » les non-vaccinés jusqu'au bout ?

Par conséquent ni le ministre de la Santé, ni les autorités sanitaires ne vont le contredire.

---

[189] https://www.rtbf.be/article/coronavirus-l-angleterre-renonce-a-l-obligation-vaccinale-pour-ses-soignants-10946075

La preuve, en juillet 2022, alors que l'épidémie semble s'éloigner, le Syndicat Liberté Santé[190] qui regroupe de nombreux professionnels de santé dans toutes les régions de France, adresse un courrier à la Haute Autorité de Santé pour expliquer que l'obligation vaccinale des soignants n'est plus justifiée. Courrier accompagné d'un solide dossier scientifique. Mais le SLS ne reçoit aucune réponse.

C'est donc par voie d'huissier de justice que le Syndicat de soignants fait parvenir, le jeudi 17 novembre 2022, une longue lettre et un nouvel argumentaire scientifique à la HAS qui doit rendre un avis au ministre de la Santé sur la réintégration des soignants suspendus depuis le 15 septembre 2021.

**Supprimer l'obligation vaccinale des soignants**

La lettre, adressée à la présidente de HAS, Dominique Le Gudulec, mais aussi au Pr Elisabeth Bouvet, présidente de la commission technique des vaccinations, à Patricia Minaya-Flores, cheffe du service évaluation en santé publique et évaluation des vaccins, à Robert Gelli, déontologue de la HAS et à l'ensemble du collège de la HAS, est signée par le président du SLS Jean-Philippe Danjou. Avec copie, pour faire bonne mesure, au Président de la République, au ministre de la Santé, au président du Sénat et à la présidente de l'Assemblée nationale. Personne n'a été oublié.

Une lettre pour dire quoi ?

Qu'il faut supprimer l'obligation vaccinale des soignants qui, d'un point de vue scientifique, ne se justifie pas. « Les chiffres d'efficacité vaccinale invoqués contre les formes symptomatiques reposent toujours sur un niveau de preuve insuffisant et éludent le fait qu'une majorité des événements est asymptomatique et participe à la propagation du virus », écrit le SLS.

---

[190] https://www.syndicat-liberte-sante.com/urgence-has-novembre-2022/

En outre, « le niveau de preuve d'une protection forte et durable contre toute infection à SARS-CoV-2 est insuffisant ; la réduction de la contagiosité des personnes vaccinées n'est pas probante ; des rappels vaccinaux ciblant Omicron ont été mis sur le marché sans données cliniques d'efficacité et de sécurité probantes. »

Bref, la balance bénéfice-risque individuelle continue de s'amenuiser pour de nombreux soignants, à mesure que le profil de sécurité des vaccins COVID est davantage caractérisé.

**« L'obligation vaccinale ne peut se justifier »**

« Au total, écrit le SLS, l'obligation vaccinale ne peut plus se justifier ni par l'ampleur actuelle et prévisible de l'épidémie sur une population et des soignants largement immunisés ; ni par l'efficacité vaccinale qui reste marginale et éphémère sur la transmission ; ni par une balance bénéfice-risque individuelle qui n'est pas favorable à tout soignant.

Alors que l'incompréhension continue de grandir au sein des soignants, vaccinés ou non, et de la population française dont l'accès aux soins est mis en péril, nous espérons que la HAS saura faire un choix non pas politique, mais de raison, de science et de bonne pratique médicale. »

Le courrier à la HAS est accompagné d'un solide argumentaire scientifique ainsi qu'une lettre du Syndicat Liberté Santé au président et membres du Conseil de l'Ordre des médecins. Le SLS leur demande un avis sur les recommandations de la HAS qui, dans son rapport du 19 septembre 2022, recommande les nouveaux vaccins dits « bivalents Omicron » pour l'ensemble des patients de plus de 12 ans, y compris avec des comorbidités, des immunodépressions ou une grossesse.

Or, souligne le Syndicat de soignants « Aucune donnée d'immunogénicité n'est disponible ».

Pire : « Les études des fabricants (depuis la dose 3 ou booster 1) n'ont consisté qu'à tester le taux d'anticorps sériques induit par les vaccins alors même que la HAS confirme qu'il n'est pas corrélé à la protection. Même Pfizer l'a confirmé (FDA 28 juin 2022). Le paramètre testé est reconnu comme n'ayant aucune valeur. (…)

De ce fait, il n'y a aucune preuve d'efficacité [des vaccins] et la HAS ne le cache pas ! »

Ce n'est pas tout : « Il y a encore plus de lacunes concernant la sécurité des injections malgré un contexte qui a déjà soulevé de nombreuses questions concernant la sécurité des vaccins ARNm actuels. » En résumé, « le rapport de la HAS indique sans aucune ambiguïté que l'efficacité est INCONNUE, la tolérance est INCONNUE.

La HAS ne fait pas le calcul de la balance bénéfice/risque car c'est simplement impossible. Or donner un avis sur un vaccin sans pouvoir évaluer la balance bénéfice/risque semble être contraire à la loi et notamment Article L161-37 du Code de la sécurité sociale qui décrit les obligations de la HAS dans l'émission de recommandations. »

Voilà pourquoi le Syndicat Liberté Santé estime « très difficile de considérer la recommandation de la HAS comme légitime car les informations présentées ne sont clairement pas suffisantes et que sa conclusion est en contradiction d'une part, avec les informations disponibles et, d'autre part, avec le code de la sécurité sociale. »

Ainsi, le Syndicat Liberté Santé souhaiterait connaître la position du Conseil de l'Ordre par rapport à l'article du code de la Santé publique r4127-39. Et pose les questions qui fâchent :

- La recommandation de la HAS est-elle conforme au code de Santé publique, et notamment l'article r4127-39 ?

- Pouvez-vous nous confirmer que, compte tenu que ni l'efficacité, ni la tolérance de ces nouveaux vaccins ne sont connus, nous, médecins, ne sommes pas en contradiction avec le code de santé publique si nous le recommandons à nos patients ?

- Pouvez-vous nous confirmer que recommander ce vaccin à nos patients n'est pas, en l'état, contraire aux lois et serments qui nous dirigent et donc préjudiciable à notre activité professionnelle ?

Sans votre approbation et vos garanties morales et légales, il nous semble préférable de ne pas recommander ces nouveaux vaccins « bivalents Omicron ».

Il est de notre responsabilité de médecins, en conscience (scientifique, médicale et humaine), de prendre des décisions sur des faits. Il est de la responsabilité du Conseil de l'ordre d'apporter son soutien aux médecins mais aussi de garantir l'éthique et la déontologie des médecins.

Madame ou Monsieur le président du Conseil de l'ordre, Mesdames, Messieurs, membres du conseil de l'ordre, nous vous présentons nos salutations confraternelles et attendons vos réponses. »

Le SLS rappelle la situation de l'obligation vaccinale (OV) en Europe et dans le monde (situation novembre 2022). Parmi la minorité de pays d'Europe qui ont souhaité mettre en place une obligation vaccinale (OV), seules la Hongrie et la France imposent encore cette obligation aux professionnels de santé (une fin de l'obligation est d'ores et déjà prévue pour la fin d'année en Grèce). Pour les quelques pays d'Europe ayant mis auparavant en place une forme d'obligation vaccinale :

- OV suspendue en Slovénie en septembre 2021 par la Cour Constitutionnelle.
- OV suspendue en Autriche en décembre 2021, un mois après la promulgation de la loi.

- Fin de l'OV en Tchéquie en janvier 2022
- Renoncement à la mise en place de l'OV en Angleterre en mars 2022.
- Refus de l'OV par les députés en Allemagne en avril 2022.
- OV abrogée en Italie le 1er novembre 2022. Réintégration sans conditions des soignants.

Fin de l'OV également en Inde (OV jugée anticonstitutionnelle), en Israël, en Nouvelle-Zélande, en Alberta au Canada, aux USA (16 employés municipaux du Département de la Santé réintégrés à New York et fin de l'OV dans les entreprises).

Le 30 mars 2023, l'HAS a finalement préconnisé de lever l'obligation vaccinale des soignants. Le ministre de la Santé, François BRAUNE, annoncé qu'il "suivra l'avis»» de l'HAS.

# Chapitre 15

## La communauté scientifique en échec

Pourquoi la communauté scientifique s'est-elle embourbée à ce point dans l'affaire du COVID ? Pourquoi a-t-elle été tenue en échec, trois années durant, par un nouveau virus sorti de nulle part ? Ces questions dérangent, mais elles doivent être posées.

Certes, la corruption qui gangrène, hélas ! le milieu médico-scientifique peut donner une partie de la réponse. Mais elle n'explique pas tout. Car on ne peut imaginer que tous les médecins et tous les chercheurs de la planète soient corrompus. D'ailleurs, ils furent nombreux, en France et ailleurs, à s'élever contre les oukases des autorités sanitaires officielles et des publications scientifiques falsifiées. Ils ont été rapidement excommuniés, mis à l'écart, traités de complotistes, de négationnistes de la science, traduits devant la chambre disciplinaire de l'Ordre des médecins ! Même les meilleurs d'entre eux furent vilipendés, humiliés, répudiés comme de vulgaires malfrats !

Mais il y a tous les autres, des hommes et des femmes intègres qui, jour après jour, trois années durant, ont apporté une caution scientifique à des études inexactes, orientées, loin de toute démarche scientifique digne de ce nom.

Pour comprendre, il faut revenir au début de la pandémie, début 2020. Tout le monde était dans le brouillard face à cette nouvelle pathologie provoquée par un virus inconnu. Dans les hôpitaux, les médecins devaient traiter un syndrome respiratoire aigu. Aux urgences, on intubait à la queue-leu-leu des patients qui ne pouvaient plus respirer. Beaucoup en mourraient, surtout les plus âgés.

On le sait aujourd'hui, médecins et chercheurs faisaient fausse route.

Nous l'avons écrit, dès le 21 avril 2020, sur le site infodujour.fr. Les urgentistes constataient chez les patients que la COVID-19 provoquée par le virus SARS-CoV2 ne crée pas de Syndrome de Détresse respiratoire Aigu (SDRA), mais un trouble hypoxémique d'origine vasculaire (autrement dit des « caillots » dans les vaisseaux). Les patients étaient alors lentement privés d'oxygène. Nous l'avons déja dit : plusieurs urgentistes ont alerté la communauté médicale très tôt.

Le Pr Sandro Giannini, à Bologne et quelques autres ont tiré la sonnette d'alarme. Pour eux, la cause de la mortalité des patients COVID serait due à une thrombo-embolie veineuse généralisée, principalement pulmonaire. Par conséquent « les intubations [étaient] inutiles, puisqu'il [fallait] d'abord dissoudre ou prévenir les thrombo-embolies », disait-il.

En effet, il ne sert à rien de ventiler un poumon si le sang n'arrive pas au poumon. Neuf personnes ventilées sur dix meurent d'après le Pr Giannini, car le problème est cardio-vasculaire et non pulmonaire.

Autrement dit, on soignait les patients pour une pneumonie virale alors qu'il fallait les traiter pour des troubles d'origine vasculaire. On a confondu l'effet et la cause. Des millions de patients l'ont payé de leur vie

## De nouvelles pathologies liées aux vaccins

Ce changement de paradigme constaté par les urgentistes aurait dû interroger les chercheurs qui, dans les laboratoires, traquaient le facétieux virus sous leurs puissants microscopes et cherchaient à comprendre cette nouvelle pathologie. D'autant que les problèmes cardio-vasculaires commençaient à exploser.

Lorsque les vaccins (expérimentaux) furent autorisés et injectés massivement aux populations, à la fin de l'année 2020, tout le monde a cru que la pandémie serait vite éradiquée. Trois mois plus tard il fallut déchanter.

Non seulement la COVID-19 n'était pas derrière nous mais de nouvelles pathologies apparaissaient, conséquences des effets secondaires des vaccins.

La science était dans l'impasse. Virologues, infectiologues, microbiologistes se sont déchirés, se traitant réciproquement de « charlatans ». Pro et antivax se sont opposés, les plus lucides appelant à un débat contradictoire. La querelle s'est rapidement invitée sur la place publique.

Ainsi, quelque 500 scientifiques[191] (dont 170 médecins) ont adressé en octobre 2021 une lettre aux élus français (sénateurs, députés, eurodéputés, maires), au Conseil scientifique COVID-19 et au Comité Consultatif National d'Éthique (CCNE) pour aborder les questions autour de la vaccination. Et demander un débat de fond.

Car, affirment-ils, les vaccins actuels ne préviennent pas efficacement la contamination, ne parviennent pas à éliminer toutes les formes graves et les décès. Il est également démontré qu'avec une couverture vaccinale élevée on n'évite ni la transmission, ni le portage, ni l'émergence de variants, disaient-ils. Ils n'ont pas été entendus.

Or, les affections cardiovasculaires directement liées aux effets secondaires des vaccins à ARNm ont continué à progresser. « Une proportion croissante de décès liés à la COVID-19 surviennent parmi les vaccinés, selon une nouvelle analyse des données fédérales, explique ABC News dans un article du 11 mai[192].

En août 2021, environ 18,9 % des décès liés à la COVID-19 sont survenus parmi les personnes vaccinées. Six mois plus tard, en février 2022, ce pourcentage proportionnel de décès était passé à plus de 40 %.

---

[191] https://drive.google.com/file/d/1oeF9Y0nVIx-8Firz5h7bob1BdmuFu77E/view

[192] https://abcnews.go.com/Health/breakthrough-deaths-comprise-increasing-proportion-died-COVID-19/story?id=84627182

Comparativement, en septembre 2021, seulement 1,1 % des décès liés à la COVID-19 sont survenus chez les Américains qui avaient été complètement vaccinés et dopés avec leur première dose. En février 2022, ce pourcentage était passé à environ 25 %. »

**Une étude israélienne**

En Israël, qui se flatte d'être le pays le plus vacciné au monde, une étude publiée dans Nature[193] révèle « une augmentation des événements cardio-vasculaires d'urgence dans la population des moins de 40 ans en Israël pendant le déploiement du vaccin et la troisième vague d'infection au SARS-CoV-2. »

L'article précise : « Le nombre d'appels d'urgence hebdomadaires était significativement associé aux taux de 1ère et 2e doses de vaccin administrées à ce groupe d'âge [moins de 40 ans], mais n'était pas associé aux taux d'infection par le SARS-CoV-2.

Bien qu'ils n'établissent pas de relation de cause à effet, ces résultats soulèvent des inquiétudes quant aux effets secondaires cardio-vasculaires graves non détectés induits par les vaccins et soulignent la relation de cause à effet déjà établie entre les vaccins et la myocardite, une cause fréquente de détresse respiratoire ou d'arrêt cardiaque inattendu chez les jeunes individus. »

En novembre 2022, The Epoch Times Health révéle à son tour que le virus « frappe sept fois plus les vaccinés que les non-vaccinés ».

Des chiffres obtenus à partir d'une analyse des données du CDC (centre pour le contrôle et la prévention des maladies, aux Etats-Unis) de Woldometer (statistiques mondiales en direct sur la population) et de Walgreens (chaîne de pharmacies)

---

[193] https://www.nature.com/articles/s41598-022-10928-z

Malgré tout, les campagnes de vaccination continuent, en France notamment, sous l'impulsion des surprenantes positions de l'OMS, de la HAS et du Conseil scientifique alors que les morts subites et expliquées remplissent les journaux.

**Les jeunes sportifs victimes des vaccins**

« Christophe André, l'ancien 3e ligne qui a évolué 6 saisons au TPR alors en Pro D2, a été victime d'un malaise cardiaque avant le match de Fédérale 1, annonce le journal catalan l'Indépendant. « C'est une très grande frayeur qu'ont connu, dimanche 11 décembre, les acteurs et les spectateurs de la rencontre de Fédérale 1 entre les clubs de Grasse (Alpes-Maritimes) et Céret (Pyrénées-Orientales). Christophe André, 36 ans, joueur de Céret, ancien troisième ligne de l'USA Perpignan et d'Aix en Provence, s'est effondré sur la pelouse juste avant le coup d'envoi de la rencontre, pendant l'échauffement. »

Chacun peut le constater dans son entourage et le lire dans la presse : les sportifs sont de plus en plus nombreux à être victimes de malaises, parfois mortels, après un gros effort. Jusque-là, on n'avait pas bien mesuré l'importance du phénomène. Voilà une lacune comblée par le site suisse Vigilance Pandémie.

Le site s'appuie sur une étude scientifique[194] de la « Division de cardiologie pédiatrique de l'hôpital universitaire de Lausanne ». Il révèle que « le nombre d'athlètes décédés depuis le début de l'année 2021 a augmenté de façon exponentielle par rapport au nombre annuel de décès d'athlètes officiellement enregistrés entre 1966 et 2004.

À tel point que le nombre moyen mensuel de décès entre janvier 2021 et avril 2022 est supérieur de 1 700 % à la moyenne mensuelle[195] entre 1966

---

[194] https://pubmed.ncbi.nlm.nih.gov/17143117/

et 2004, et la tendance actuelle pour 2022 jusqu'à présent montre que ce chiffre pourrait atteindre 4 120 % si l'augmentation du nombre de décès se poursuit, le nombre de décès du seul mois de mars 2022 étant 3 fois supérieur à la moyenne annuelle précédente. »

Plus précisément, « entre le 21 janvier et le 22 avril, 673 athlètes sont décédés. Ce nombre pourrait toutefois être beaucoup plus élevé. C'est donc 428 de moins que le nombre de décès survenus entre 1966 et 2004. La différence ici cependant est que les 1 101 décès se sont produits sur 39 ans, alors que les 673 décès récents se sont produits sur 16 mois. »

De nombreuses études vont dans le même sens. Les lésions cardiaques sont omniprésentes dans la population vaccinée, et les dommages sont diagnostiqués de multiples façons. Les taux d'insuffisance cardiaque aiguë sont maintenant 475 fois supérieurs au taux normal de base dans le VAERS (Vaccine Adverse Event Reporting System). Les taux de tachycardie sont 7 973 fois supérieurs au taux de base. Le taux d'infarctus aigu du myocarde est 412 fois supérieur au taux de base. Les taux d'hémorragies internes, de thrombose des artères périphériques et d'occlusion des artères coronaires sont tous plus de 300 fois supérieurs au taux de base. Les personnes entièrement vaccinées souffrent comme jamais auparavant, poursuit Vigilance Pandémie.

**Comment l'explique-t-on ?**

Jean-Marc Sabatier l'a dit plusieurs fois : la suractivation du récepteur « délétère » AT1R du SRA est responsable des maladies COVID-19. Le récepteur AT1R suractivé induit une hypoxémie (faible taux d'oxygène dans le sang ; cet oxygène est principalement transporté par les globules rouges) et une hypoxie (apport insuffisant d'oxygène dans les cellules et tissus de notre organisme) associée.

---

[195] https://expose-news.com/2022/07/30/athlete-deaths-up-since-COVID-vaccine-rollout/

Ce manque d'oxygène circulant dans le corps humain est particulièrement délétère, car il induit une « souffrance » et un dysfonctionnement des cellules, tissus, et organes, pouvant conduire au décès de la personne.

Les globules rouges du sang – via l'hémoglobine – transportent l'oxygène à nos cellules, tissus et organes. Une faible quantité d'oxygène est aussi transportée par le plasma sanguin qui est la composante liquide du sang, dans lequel « baignent » les cellules sanguines (le plasma, qui représente 55% du volume total du sang, contient 90% d'eau et de très nombreuses molécules et sels). Ces globules rouges transportent également le $CO_2$ (dioxyde de carbone) – considéré comme un déchet – vers nos poumons pour qu'il soit éliminé.

La saturation en oxygène normale d'une personne varie de 95% à 100%. Elle est insuffisante en dessous de 95% : il s'agit d'une hypoxémie. Lorsque la saturation en oxygène du sang est inférieure à 90%, l'hypoxémie est associée à une insuffisance respiratoire (essoufflement, difficulté à respirer, cyanose, etc.), voire un syndrome de détresse respiratoire aiguë. Un traitement par oxygénothérapie est alors nécessaire.

Lors de l'effort intense, les personnes « normales » c'est-à-dire non entraînées à un sport, ne montrent pas de variation du taux de saturation en $O_2$ de l'hémoglobine. À l'inverse, les sportifs de haut niveau montrent une chute de ce taux de saturation, qui peut atteindre une valeur voisine de 90%.

Ces derniers se retrouvent dans une situation « délétère » de désaturation sanguine en $O_2$, correspondant à une hypoxémie (saturation du sang en $O_2$ inférieure à 95%) entraînant l'hypoxie (apport insuffisant de l'$O_2$ aux organes, tissus et cellules), et des complications physiologiques potentielles (troubles cardio-vasculaires et/ou neurologiques).

Il est notable que le défaut d'oxygénation des cellules myocardiques (muscle cardiaque) peut conduire à un infarctus du myocarde (crise cardiaque).

Ainsi, les sportifs/athlètes – via l'entraînement – favorisent une dépendance à l'oxygène ($O_2$) pour la production énergétique, contrairement aux personnes « normales » ne pratiquant pas de sport intensif. Dans les conditions habituelles, l'incidence de ces différences de production d'ATP par des voies métaboliques anaérobie ou aérobie est probablement négligeable.

Dans des situations atypiques telles qu'une infection au virus SARS-CoV-2 ou une vaccination anti-COVID, l'impact peut être majeur, car la protéine spike virale ou vaccinale peut induire une hypoxémie et une hypoxie, via la suractivation du système rénine-angiotensine et de son récepteur « délétère » AT1R qui est (entre autres) pro-hypoxémique et pro-hypoxique.

L'hypoxémie et l'hypoxie (potentiellement) induites par la protéine spike se « rajoute » à l'hypoxémie/hypoxie provoquées par l'effort physique intense du sportif/athlète, conduisant à une possible détresse respiratoire et un arrêt cardiaque (le système rénine-angiotensine – qui normalement contrôle les fonctions autonomes cardiaques – est dysfonctionnel).

**Les dégâts ignorés de la protéine spike**

Au fil des mois, depuis l'apparition du SARS-CoV-2, chacun a pu constater les dégâts provoqués par la protéine spike virale ou vaccinale. Cependant, ce n'est pas la même chose. Lorsque l'on souffre de pathologies parfois graves provoquées par la protéine virale, on est victime d'une maladie que l'on n'a pas souhaitée, et personne n'y peut rien.

Lorsqu'on est victime de la protéine vaccinale, on est victime d'une maladie que l'on vous a injectée, parfois sous la contrainte.

D'où les appels répétés de Jean-Marc Sabatier aux dangers de la vaccination. Dans un article intitulé COVID-19 : les limites de la vaccination[196] (article censuré sur infodujour.fr et repris par contre-pouvoir.info/), il expliquait pourquoi la vaccination pouvait, elle-même, favoriser l'infection.

Parallèlement, la vaccination peut présenter des effets délétères sur le vacciné.

« Les injections vaccinales répétées d'un même antigène, quel qu'il soit (ici la protéine spike du SARS-CoV-2), à des niveaux qui dépassent le seuil « critique », conduisent inévitablement à un dérèglement de l'immunité innée, et à l'apparition de potentiels troubles auto-immuns. Ainsi, pour les vaccins anti-COVID-19 actuels, il existe au moins trois bonnes raisons scientifiques de ne pas procéder à des injections vaccinales multiples, avec l'action directe et néfaste de la protéine spike sur le SRA et l'immunité innée, la répétition de ces injections qui dérègle également l'immunité innée de l'hôte et les effets nocifs potentiels de certains adjuvants, dont les nanoparticules lipidiques. »

**Morts subites à grande échelle**

Le vaccin ARNm COVID a probablement joué un rôle important ou a été une cause principale d'arrêts cardiaques inattendus, de crises cardiaques, d'accidents vasculaires cérébraux, d'arythmies cardiaques et d'insuffisance cardiaque depuis 2021.

Le Dr Aseem Malhotra, l'un des plus célèbres de Grande Bretagne, a exprimé publiquement de graves inquiétudes à propos de la sécurité des vaccins à ARNm COVID.

En 2016, il a été désigné par le Sunday Times Debrett's list comme l'une des personnes les plus influentes dans le domaine de la science et de la médecine au Royaume-Uni, dans une liste qui comprenait le professeur Stephen Hawking. Au début du déploiement du vaccin COVID-19 en Grande-Bretagne, il a préconisé les injections pour le grand public. Cependant, en juillet 2021, il a vécu une perte personnelle terrible, le décès de son père âgé de 73 ans[197] qui l'a amené à réévaluer les injections.

---

[196] https://contre-pouvoir.info/2022/06/COVID-19-les-limites-de-la-vaccination/

La mort de son père n'avait aucun sens pour lui car il savait, grâce à ses propres examens, que la santé générale et cardiaque de son père était excellente. Il l'explique dans une interview.

« Les résultats de l'autopsie m'ont vraiment choqué. Il y avait deux obstructions sévères dans ses artères coronaires, ce qui n'avait aucun sens avec tout ce que je sais, à la fois en tant que cardiologue mais aussi en connaissant intimement le style de vie et la santé de mon père. Peu de temps après, des données ont commencé à émerger, suggérant un lien possible entre le vaccin à ARNm et l'augmentation du risque de crise cardiaque par un mécanisme d'augmentation de l'inflammation autour des artères coronaires. Mais en plus de cela, j'ai été contacté par un « dénonciateur » d'une université très prestigieuse du Royaume-Uni, lui-même cardiologue, qui m'a expliqué qu'une recherche similaire avait été menée dans son département, et que ces chercheurs avaient décidé d'étouffer l'affaire parce qu'ils craignaient de perdre les financements de l'industrie pharmaceutique.

J'ai alors commencé à examiner les données au Royaume-Uni pour voir s'il y avait eu une augmentation des arrêts cardiaques. Mon père a subi un arrêt cardiaque et une mort cardiaque subite à la maison. Y avait-il eu un changement au Royaume-Uni depuis le lancement du vaccin ? Et là encore, les résultats ont été très clairs. Il y a eu 14 000 arrêts cardiaques extra hospitaliers de plus en 2021 par rapport à 2020. »

L'incidence alarmante de décès soudains et inattendus au cours de la seconde moitié de 2021 et des huit premiers mois de 2022 - en particulier chez les jeunes et les personnes en bonne santé - a renforcé son inquiétude et ses soupçons.

---

[197] https://m.timesofindia.com/life-style/health-fitness/health-news/british-indian-cardiologist-links-fathers-sudden-death-to-pfizer-vaccination-calls-vaccine-misinformation-the-greatest-miscarriage-of-medical-science/amp_etphotostory/94503865.cms

En juillet 2022, la télévision Fox News révélait aux Américains que la multiplication des doses de vaccins affaiblissait l'immunité naturelle. La multiplication des doses se révélant être plus dangereuse que bénéfique en raison des effets secondaires nombreux et, parfois, très graves, qu'elles engendrent.

Un article du Lancet[198] publié en février 2022 sur la population suédoise constatait une diminution progressive de l'efficacité du vaccin contre l'infection par le SRAS-CoV-2. Au mois de juin, un médecin japonais, Kenji Yamamoto, publiait un article intitulé « Effets indésirables des vaccins et mesures pour les prévenir[199]».

Reprenant en partie les éléments du Lancet, il écrit : « L'étude a montré que la fonction immunitaire des personnes vaccinées 8 mois après l'administration de deux doses de vaccin COVID-19 était inférieure à celle des personnes non vaccinées. Selon les recommandations de l'Agence européenne des médicaments, des injections de rappel fréquentes de la COVID-19 pourraient avoir un effet négatif sur la réponse immunitaire et ne sont peut-être pas réalisables. (...) Par mesure de sécurité, les nouvelles vaccinations de rappel doivent être interrompues. (...) En conclusion, la vaccination COVID-19 est un facteur de risque majeur pour les infections chez les patients en état critique. »

**Un lien de causalité**

D'autres scientifiques ont plus récemment alerté sur les dangers de la vaccination répétée. Stephanie Seneff, Greg Nigh, Anthony Kyriaakopoulos et Peter McCullough ont publié un article intitulé « Suppression de l'immunité innée par les vaccinations à l'ARNm du SRAS-CoV-2 : Le rôle des quadruplexes G, des exosomes et des micro-ARN[200]. »

---

[198] https://www.thelancet.com/journals/lancet/article/PIIS0140-6736(22)00089-7/fulltext

[199] https://pubmed.ncbi.nlm.nih.gov/35659687/

Dans cet article, les scientifiques présentent « des preuves que la vaccination induit une altération profonde de la signalisation de l'interféron de type I, qui a diverses conséquences néfastes sur la santé humaine. Les cellules immunitaires qui ont absorbé les nanoparticules du vaccin libèrent dans la circulation un grand nombre d'exosomes contenant une protéine de pointe ainsi que des microARN critiques qui induisent une réponse de signalisation dans les cellules réceptrices à distance…

Ces perturbations ont potentiellement un lien de causalité avec les maladies neurodégénératives, la myocardite, la thrombocytopénie immunitaire, la paralysie de Bell, les maladies du foie, l'immunité adaptative altérée, la réponse altérée aux dommages de l'ADN et la tumorigenèse… Nous pensons qu'une évaluation complète des risques et des avantages des vaccins à ARNm remet en question leur contribution positive à la santé publique. »

Début janvier 2023, des médecins suédois tirent à leur tour la sonnette d'alarme. On peut lire dans le journal The Daily Sceptic[201] que « les vaccins COVID sont manifestement dangereux et devraient être arrêtés ». L'article précise : « La véritable nature et l'étendue des dommages causés par les vaccinations de masse sans précédent pour le COVID-19 commencent tout juste à apparaître clairement.

Des revues scientifiques de premier plan ont enfin commencé à publier des données corroborant ce que la communauté des chercheurs clandestins a observé au cours des deux dernières années, notamment en ce qui concerne les problèmes complexes de suppression immunitaire.

Des chiffres vraiment inquiétants concernant à la fois les naissances et la mortalité apparaissent également.

---

[[200]] https://pubmed.ncbi.nlm.nih.gov/35436552/

[[201]] https://dailysceptic.org/2023/01/13/COVID-vaccines-are-obviously-dangerous-and-should-be-halted-immediately-say-senior-swedish-doctors/

En ce moment, une nouvelle variante Omicron, prétendument super-infectieuse, fait la une des journaux. Sous-variante de XXB, cette souche possèderait des capacités d'évasion immunitaire du même type que celles prédites par certains chercheurs indépendants à la suite de la fixation antigénique étroite des vaccinations de masse. »

Curieusement, les effets indésirables des vaccins contre la COVID-19 ne sont pas encore clairement répertoriés par l'OMS et par les autorités de santé. Ils sont même parfois démentis. Au point que l'Agence européenne du médicament (AEM) mais aussi les autorités sanitaires françaises préconisent encore et toujours la vaccination, y compris pour les bébés de 6 mois (!), et même les rappels, troisième et quatrième voire cinquième dose, pour les patients les plus fragiles. C'est incompréhensible !

Jean-Marc Sabatier n'est pas le seul à alerter la communauté scientifique « officielle ». En avril 2022, le journal médical Cureus, admettait que « le profil d'effets indésirables de ces vaccins n'a pas été bien établi. Des complications neurologiques sont de plus en plus souvent signalées. Une de ces complications identifiées est la polyneuropathie inflammatoire à médiation immunitaire, qui affecte les nerfs périphériques et les neurones. »

La polyneuropathie inflammatoire démyélinisante chronique est une pathologie anticipée dès mars 2020 (par Jean-Marc Sabatier et ses collaborateurs) comme étant une maladie COVID-19, car résultant d'un dysfonctionnement du SRA.

**Les séquelles post-COVID ou COVID long**

A ce jour, plus de 54 millions de personnes dans le monde souffrent des effets de la COVID-19 longtemps après leur infection par le SARS-CoV-2, explique Jean-Marc Sabatier.

Les symptômes et/ou maladies à long terme de la COVID-19 varient d'une fatigue sévère (persistante et invalidante) à des anomalies neurocognitives, aux troubles neurophysiologiques (vertige, perte de mémoire, désorganisation spatiale, troubles de l'humeur et du comportement, céphalées) et de perte de l'odorat (anosmie) et/ou du goût (agueusie).

Ces effets indésirables plus ou moins importants selon les individus peuvent être transitoires et présenter un caractère cyclique (apparition, disparition, puis réapparition). Les séquelles persistantes post-COVID-19 ont été définis sous la dénomination de COVID long. Le COVID long est considéré, par l'Organisation Mondiale de la Santé (OMS), comme une maladie qui dure plus de 2 mois et ne peut être expliquée par un autre diagnostic médical.

Du point de vue physio-pathologie, plusieurs pistes privilégiées ont été avancées sur l'origine du COVID long. Une première piste est la présence du virus SARS-CoV-2 latent dans l'organisme qui n'aurait pas été complètement éliminé (infection virale chronique avec des réactivations transitoires) avec ses effets délétères sur l'organisme.

Une seconde piste est l'hyper-inflammation induite par le SARS-CoV-2 qui entraînerait la réactivation de microbes endogènes (par exemple : le virus d'Epstein-Barr, de la famille des herpès, présent dans 95% de la population mondiale adulte) conduisant à des effets délétères sur l'organisme, et une dernière piste qui repose sur la présence d'anticorps auto-immuns dirigés contre une ou plusieurs protéines de l'hôte (tels que le facteur VIII de la coagulation, la protéine PF4 des plaquettes sanguines, et autres). De tels anticorps auto-immuns affecteraient le fonctionnement normal de l'organisme chez les personnes atteintes.

Les autres pistes physio-pathologiques du long COVID seraient des lésions organiques initiales dont les symptômes persistants sont des conséquences (dysfonctionnement épithélial, fibrose pulmonaire, microglie cérébrale, etc.), ainsi que des réactions immunitaires et inflammatoires anormales persistantes qui se compliquent (microcirculation, coagulation, fibrose, neuro-inflammation, auto-immunité, ...)

**Un collier de 1 273 perles**

Mais à quoi ressemble cette protéine spike ? « C'est comme un collier de 1273 perles », explique Jean-Marc Sabatier.

Certaines de ces perles, et notamment trois d'entre elles, situées en position 403 à 405 du motif RGD (Arginine, Glycine, acide Aspartique), lorsqu'elles se suivent, quel que soit le collier de perles, celui-ci est capable de reconnaître certains récepteurs des cellules humaines appelés « intégrines » membranaires, situées à la surface de nos cellules. Les intégrines interagissent avec les protéines de la matrice extra-cellulaire. C'est en quelque sorte la colle ou le ciment qui permet de tenir toutes les cellules.

La protéine spike du SARS-CoV-2 est la seule à ce jour (contrairement aux autres coronavirus) à avoir ce motif RGD de trois perles. Or, les colliers de perles qui ont cette séquence RGD sont capables de se fixer sur les intégrines à la surface des cellules humaines, elles activent une enzyme (la Caspase-3) qui induit d'autres activations (caspase-8, 9) et tuent la cellule.

Résumons. Nous avons vu que la protéine spike, virale ou vaccinale, se fixe sur le récepteur ECA2, et provoque la suractivation du système rénine-angiotensine (SRA) via le récepteur AT1R qui déclenche tous les effets délétères dont nous avons parlé (voir chapitre 2).

Mais cette protéine spike a une particularité : elle possède trois perles qui se trouvent au niveau du RBD, la zone de fixation de la protéine spike avec le récepteur ECA2. Ce qui lui permet de se fixer sur d'autres récepteurs que l'on appelle les intégrines et provoquent la mort de la cellule.

L'étude de ces mécanismes fins et complexes permet d'expliquer pourquoi les personnes présentant un syndrome d'Ehlers-Danlos (appelée encore maladie du chewing-gum) ont plus de risques de faire une forme grave de COVID-19 ou un COVID long.

Jean-Marc Sabatier précise : « Le syndrome d'Ehlers-Danlos (SED) est une pathologie héréditaire rare du tissu conjonctif, avec une incidence moyenne de 1 personne sur 5000. Après avoir rencontré de nombreuses personnes souffrant de COVID long, il est devenu évident pour moi, que la préexistence d'un SED chez une personne confère un haut facteur de risques d'un COVID-19 ou COVID long très sévère. »

Concrètement, les personnes souffrant de cette maladie génétique, doivent éviter les vaccins et surtout les rappels. Certaines souffrent d'un COVID long alors qu'elles n'ont pas été infectées, simplement à cause du vaccin.

Mais jusqu'ici, aucun médecin, aucun virologue, aucun scientifique ne met en garde ces patients des risques mortels qu'ils encourent. Il faut vacciner, vacciner, vacciner… au risque de tuer !

Jusqu'à quand cette folie ?

# Conclusion

## Les leçons d'un virus

Trois ans après le début de la pandémie, on ne peut que constater les dégâts. La faillite de la science, la faillite de la médecine, la faillite des autorités politiques, la faillite des médias.

Trois ans après l'apparition du SARS-CoV-2 et deux ans après la vaccination COVID-19, l'incroyable imposture apparaît peu à peu au grand jour. Le mensonge, la mystification, la désinformation résistent de moins en moins aux faits. On peut mentir à une personne tout le temps ; on peut mentir à tout le monde, un temps ; mais on ne peut pas mentir à tout le monde tout le temps.

Les faits ? Ce sont ces explosions de morts subites inexpliquées dans tous les pays du monde, ces COVID-longs, ces maladies auto-immunes, ces maladies cardio-vasculaires chez les jeunes ; ce sont ces épidémies de bronchiolites chez les nourrissons, ces fausses couches inhabituelles, ces troubles de la fertilité… La nature et l'étendue des dommages causés par les vaccinations massives COVID-19 commencent tout juste à émerger. Des revues scientifiques publient enfin des données confirmant ce que la communauté des chercheurs clandestins (et persécutés) a observé au cours des trois dernières années, notamment en ce qui concerne les problèmes complexes de suppression immunitaire.

Le Japon a lancé une enquête officielle sur le nombre sans précédent de personnes décédées après avoir reçu le vaccin anti-COVID-19[202].

---

[[202]] https://newspunch.com/japan-launches-official-investigation-into-millions-of-COVID-vaccine-deaths/

Le professeur Masataka Nagao de la faculté de médecine de l'université d'Hiroshima, s'étonne de la température élevée des cadavres qu'il a autopsiés. Le professeur Shigetoshi Sano, expert en dermatologie de la faculté de médecine de l'université de Kochi a découvert la protéine spike à l'emplacement de lésions cutanées et d'autres problèmes de peau sur des patients vaccinés. « Les protéines spike suppriment localement le système immunitaire, dit-il aux journalistes, les protéines spike facilitent la réactivation du virus de l'herpès.

Il ajoute : « Je ne sais pas si je dois le dire, mais il a été constaté que les personnes vaccinées sont plus susceptibles de contracter le coronavirus que les personnes non vaccinées ».

A ces déclarations de médecins japonais qui ont demandé une enquête aux autorités nippones, s'ajoute ce coup de gueule du professeur émérite Masanori Fukushima de l'université de Kyoto. Il accuse le ministère japonais de la Santé de ne pas interrompre son programme de vaccination COVID alors que les données scientifiques attestent des effets indésirables et d'un grand nombre de décès dus à ces vaccins.

Il précise : « Des gens font des recherches dans le monde entier, lance-t-il au ministre de la Santé. Le prestige du Japon est en jeu. Vous avez vacciné tant de personnes. Et pourtant, seuls 10% des membres du ministère de la Santé, du Travail et des Affaires sociales, qui sont des membres dirigeants de la campagne de vaccination ont été vaccinés. Est-ce une putain de blague ? »

## Allemagne, Israël, Australie : l'effroyable hécatombe

En Allemagne, les morts subites ont été multipliées par dix, selon les données des caisses d'assurance-maladie KBV[203]. « Un expert indépendant a épluché 90 tableaux fournis par la KBV et il est parvenu à cette conclusion : la vaccination COVID a provoqué une effroyable hécatombe ».

---

[203] https://sentadepuydt.substack.com/p/mort-subite-multipliee-par-10-en

En Israël[204], David Shuldman, analyste de systèmes et économiste, s'est inquiété de la mortalité infantile. Il constate une augmentation énorme de la mortalité infantile, et chaque vague de vaccinations, dit-il, a conduit à une vague de mortalité infantile excessive.

Le Dr Josh Guetzkow[205] confirme que le taux de mortalité néonatale a triplé en Israël en 2021, selon les données du fonds d'assurance israélien Maccabi obtenues par David Schuldman.

Même chose en Suède, en Australie où tous les morts du COVID à la fin de l'année 2022 étaient tous doublement ou triplement vaccinés, aux Etats-Unis et, bien sûr en France. « L'incidence des lésions myocardiques est de 2,8 % soit 800 fois supérieure à l'incidence habituelle des myocardites. Elle survient majoritairement chez les femmes contrairement aux myocardites virales habituelles » écrit Cardio Online[206] en octobre 2022.

Un rapport épidémiologique officiel australien[207] pour les deux dernières semaines de l'année 2022, fait état de l'hospitalisation de 1779 patients atteints de la COVID-19 dont 140 ont été admis en soins intensifs, 95 sont décédés dans le même temps. Parmi ces morts de la COVID-19, 72 avaient reçu au moins trois doses de vaccin Pfizer (76%), 9 avaient reçu deux doses, 1 avait reçu une dose et 6 n'avaient reçu aucune dose. Le statut vaccinal des 7 autres patients n'a pu être déterminé.

Bref, en Australie, on ne peut pas dire que la vaccination protège des formes graves de la COVID-19 puisqu'on en meurt ! Peut-il en être autrement dans le reste du monde ?

---

[204] https://dailyclout.io/infant-mortality-spiked-in-israel-following-mrna-rollout/

[205] https://jackanapes.substack.com/p/data-on-neonatal-deaths-from-major

[206] https://www.cardio-online.fr/Actualites/A-la-une/ESC-2022/
Incidence-non-negligeable-myocardites-apres-3 dose-vaccin-ARN-messager-anti-COVID-19

[207] https://t.co/lZFN6HlHjx

**« Là, on injecte le poison »**

En présence d'une telle accumulation de faits constatés aux quatre coins de la planète, comment douter de la dangerosité des vaccins anti-COVID ? Pourquoi la communauté scientifique et médicale n'est-elle pas unanime à tirer la sonnette d'alarme et à s'opposer avec force à ce qui ressemble fort à un crime contre l'humanité ? Pourquoi le mythe de la science s'est-il brisé sous nos yeux ?

L'explication, c'est encore une fois, Jean-Marc Sabatier qui la donne. « J'ai pu constater que les scientifiques sont passés à côté du problème, dit-il, probablement parce que la compréhension de la COVID-19 requière de s'intéresser non seulement au virus SARS-CoV-2, mais aussi à son mode d'action à l'échelle macroscopique de l'organisme humain. Ainsi l'étude du SARS-CoV-2 et de la COVID-19 se situe à l'interface de plusieurs disciplines de la recherche, telles que la virologie, la physiologie, l'immunologie, la pharmacologie moléculaire, et autres. »

Il ajoute : « Rares sont les médecins et les chercheurs qui connaissent de façon approfondie le système rénine-angiotensine dont le dysfonctionnement est à l'origine des pathologies COVID-19. Sauf s'ils travaillent sur ce sujet. C'est un système hormonal d'un tel niveau de complexité qu'il demande des connaissances « pointues » en physiologie pour en comprendre le fonctionnement intime. Aujourd'hui, en France, les experts de ce système hormonal ubiquitaire doivent se compter sur les doigts de la main. »

« De nombreux épidémiologistes parlent des vaccins et des bienfaits de la vaccination anti-COVID-19 sans en connaître les problèmes associés, poursuit Jean-Marc Sabatier. Les personnes ne veulent pas de ce vaccin parce qu'il ne s'agit pas d'un ''vrai'' vaccin (un vrai vaccin doit répondre d'une efficacité contre l'infection virale et d'une innocuité pour l'hôte qui le reçoit). L'antigène qui est produit (la protéine Spike modifiée), c'est-à-dire la molécule qui va stimuler le système immunitaire, est en elle-même toxique.

Elle provoque les maladies. Ils ne l'ont pas compris. Les vrais vaccins contiennent une molécule qui n'a pas d'effets délétères et le système immunitaire se mobilise contre les agressions. Or là, le problème, c'est qu'on injecte la molécule qui elle-même est toxique. On injecte un poison potentiel. »

En résumé, le SRA est la pierre angulaire de toute l'affaire. Pour comprendre les maladies COVID-19, il faut avoir une vue globale associant la virologie et la physiologie. Or, le lien entre ces deux disciplines est inattendu.

Les virologues pensent plus simplement que le virus -en tuant les cellules- est directement responsable des maladies COVID-19. En fait, il faut comprendre que le récepteur ECA2 ciblé par la protéine Spike du SARS-CoV-2 fait partie d'un vaste système physiologique qui implique plusieurs hormones et récepteurs fonctionnant de concert... La protéine spike se promène dans le sang et peut agir sur tous les organes. Tout cela était décrit dans l'article publié en avril 2020. »

**Questions sur un virus**

Malgré les dégâts qu'elle a provoqués, l'épidémie a eu quelques vertus : elle a mis au grand jour les failles profondes de notre société. Notre village-planétaire, où tout est imbriqué, touche à ses limites. La pandémie montre l'ineptie de la délocalisation des activités stratégiques, notamment en matière sanitaire. La pénurie de doliprane est un exemple parmi d'autres.

La poudre de paracétamol, à la base du médicament, n'est plus produite en France depuis 2008, mais en Asie.

Autre exemple : l'industrie automobile est désorganisée à cause d'une pénurie de composants électroniques, tous fabriqués en Chine. Les semi-conducteurs font cruellement défaut aussi pour la fabrication de téléphone 5G, de jeux vidéo, d'ordinateurs...

Faute de pouvoir faire tourner leurs usines, tous les pays du monde sont entrés en récession. En France, le PIB a dégringolé de 13,8% au printemps 2020, après une contraction de 5,9% en janvier 2020.

Le message de la pandémie ? Il y a urgence de relocaliser certaines productions stratégiques et de repenser complètement le commerce international.

Ce n'est pas tout. En nous révélant les limites de la science et de la médecine, la COVID-19 nous a enseigné des choses toutes simples. Par exemple, elle nous a réappris l'hygiène : se laver les mains, tousser dans le coude, porter un masque en lieu clos, éviter les embrassades. Grâce à quoi, en 2020, il n'y a pas eu d'épidémie de grippe, pas de gastro-entérite, pas de bronchiolite chez les nourrissons… Aucune campagne télévisée n'aurait pu atteindre de tels résultats.

On ne peut que se réjouir à cet égard de l'initiative du Réseau d'Observateurs de l'Hygiène des mains[208] (#ROHM) dont infodujour.fr a souvent parlé. Comme dit le Dr Jean-Michel Wendling, de Strasbourg, « nous avons l'avenir de l'épidémie dans nos mains ».

La pandémie nous a aussi appris ou réappris la solidarité. A l'égard des soignants, en première ligne, que l'on a tenu à applaudir tous les soirs à 20 heures. A l'égard des plus faibles et des plus fragiles, des vieillards et des étudiants isolés ou simplement de nos voisins de palier auxquels on n'avait jamais adressé la parole jusque-là.

La COVID-19 nous oblige donc à réfléchir sur l'organisation délirante du monde. Peut-on encore continuer à favoriser l'hypermobilité humaine de plus de 9 milliards d'individus quand l'avenir climatique de la planète est en jeu ? Peut-on continuer à consommer de la viande, des fruits et légumes

---

[[208]] https://infodujour.fr/societe/45970-reseau-dobservateurs-de-lhygiene-des-mains-premiers-resultats

produits à l'autre bout du monde quand l'éleveur ou le maraicher du coin ne peut pas vendre les siens ? Pourra-t-on encore construire des mégalopoles où l'on entasse des millions d'individus quand les villages de nos belles campagnes se dépeuplent ?

Voilà les questions que pose la pandémie. En une année, ce petit virus nous invite à réfléchir à une rationalisation des flux économiques, à repenser notre rapport à la santé et à la nature, à être plus soucieux de l'environnement en consommant localement. Bref, à changer de paradigmes socio-économiques. Si nous voulons éviter l'apocalypse.

Les leçons du virus ont-elles été entendues ? Pas sûr…

# Table des matières

Printed in France by Amazon
Brétigny-sur-Orge, FR